Der
heilende Garten

Der heilende Garten

Gartengestaltung mit Heilpflanzen.
Pflege, Ernte und Verwendung

Marion Lagoda

CHRISTIAN

Inhalt

Einführung

»Lass Nahrung deine Arznei und Arznei deine Nahrung sein«. Der Leitsatz des griechischen Arztes Hippokrates schien zeitweilig in Vergessenheit geraten zu sein. Angesichts der Rückbesinnung vieler Menschen auf die Heilkräfte natürlicher Lebensmittel jedoch hat diese Forderung wieder an Aktualität gewonnen. Das übergroße Angebot an industriell hergestellten und denaturierten Esswaren sowie künstlich produzierten Nahrungsergänzungsmitteln hat das Bewusstsein für naturbelassene und natürlich erzeugte Nahrungsmittel wieder geschärft. Dabei wusste der Begründer der wissenschaftlichen Medizin noch nichts von Vitaminen und Mineralstoffen, ungesättigten Fettsäuren und sekundären Pflanzenstoffen – jedenfalls nicht konkret. Aber ihm war schon zu seiner Zeit um 400 v. Chr. klar, dass Essen nicht nur der Freude und dem (Über-) Leben dient, sondern auch dem körperlich-geistigen Wohlergehen; und dass der Verzehr bestimmter Nahrungsmittel Krankheiten vorbeugen, sie eventuell sogar therapieren kann. Hippokrates wusste also ganz genau, wie man sich topfit hält.

Es soll in diesem Buch vor allem gezeigt werden, wie einfach es ist, sich mit selbst angebauten Kräutern, Obst- und Gemüsesorten aus dem eigenen Garten gesund zu ernähren. Diese sind in ihrer naturbelassenen Qualität von keiner der üblichen Handelswaren zu überbieten, und man darf auf sich selbst und das Ergebnis seiner Arbeit zu Recht stolz sein. Gesundheit fängt im Garten an.

Die vorgestellten Rezepturen zur Behandlung kleinerer Unpässlichkeiten sind zum Teil jahrhundertealt und haben sich in der Volksmedizin seit Langem bewährt. Es sind Tees, Tinkturen und Salben, die einfach herzustellen sind und die den Vorteil haben, dass deren wohldosierte Einnahme weder Risiken noch Nebenwirkungen nach sich zieht. Dennoch sei an dieser Stelle darauf hingewiesen, dass eine Selbstmedikation nicht über einen längeren Zeitraum und nicht in hoher Dosierung erfolgen darf.

Gesundheit aus dem Garten

Obst, Gemüse und Kräuter aus dem eigenen Garten liegen voll im Trend. Vor allem alte Arten und Sorten erleben eine Renaissance, und das zu Recht. Sie bereichern den Speisezettel und liefern wertvolle Inhaltsstoffe.

Die heilige Hildegard von Bingen erforschte als Erste ganzheitliche Heilmethoden auf pflanzlicher Basis.

PFLANZLICHE INHALTSSTOFFE UND IHRE WIRKUNGEN

Dass uns Pflanzen nicht allein nähren, sondern auch heilen, ist seit Menschengedenken bekannt. Bereits in den frühesten Kulturen wurden Pflanzen und Früchte zur Behandlung von Krankheiten genutzt. Ägyptische Priester waren schon 3000 v. Chr. in der Lage, Salben, Zäpfchen und Pulver aus pflanzlichen Stoffen herzustellen, und auch die alten Hebräer, Sumerer, Assyrer und insbesondere die Chinesen wussten bereits früh, pflanzliche Essenzen zu Heilzwecken einzusetzen.

Im 1. Jahrhundert n. Chr. beschrieb Dioskurides, griechischer Militärarzt in römischen Diensten und berühmtester Pharmakologe seiner Zeit, in »De Materia Medica« Heilmittel pflanzlichen Ursprungs samt Herkunft, botanischer Merkmale, medizinischer Wirkung, Zubereitung, Anwendung und Lagerung. Das fünfbändige Werk enthielt das gesamte pharmazeutische Wissen seiner Zeit und diente fast 1600 Jahre lang als Grundlage der westlichen Medizin.

Im Mittelalter trieben vor allem die Klöster das Wissen um die Heilwirkung von Pflanzen voran. Die heilige Hildegard von Bingen widmete sich im 12. Jahrhundert in ihren medizinischen Schriften als Erste ganzheitlichen Heilmethoden auf pflanzlicher Basis. Ebenso wie für den griechischen Arzt Hippokrates stellte auch für Hildegard die tägliche Ernährung einen Grundpfeiler für die Gesunderhaltung des Menschen dar, und sie empfahl dazu neben den üblichen Heilkräutern ausdrücklich auch Gemüse wie Rote Bete, Bohnen, Karotten, Kürbis und Fenchel.

Inzwischen wissen wir mehr über die gesundheitsförderlichen Inhaltsstoffe von Obst, Gemüse und Kräutern. Die in ihnen enthaltenen Vitamine und Mineralstoffe sind überaus wichtig für unser Wohlergehen. Seit den 1980er-Jahren werden die sogenannten sekundären Pflanzenstoffe wissenschaftlich erforscht. Sie spielen bei der Ernährung des Menschen eine bedeutende Rolle, denn sie beeinflussen bestimmte Funktionen des Körpers und wirken häufig gesundheitsfördernd. Hierbei handelt es sich um zahlreiche chemisch sehr unterschiedliche Verbindungen, die im Gegensatz zu den primären Pflanzenstoffen wie Fett, Eiweiß und Kohlenhydrate für die Pflanze nicht unbedingt lebensnotwendig sind, gleichwohl wichtige Funktionen erfüllen. Sie können als chemische Abwehrstoffe dienen und vor Verdunstung beziehungsweise starker Sonneneinstrahlung schützen. Sie verleihen den Pflanzen ihren Duft, der so betörend sein kann, dass er bestäubende Insekten anlockt, und andererseits so unangenehm, dass er gefräßige Tiere und Bakterien abwehrt.

TIPP

In und unter der Schale befinden sich die meisten Inhaltsstoffe. Doch manche Obst- und Gemüsesorten, wie Kohlrabi, dessen derbe Schale nicht mitgegessen werden kann, müssen geschält werden. Dabei gilt: Je dünner geschält wird, desto mehr Inhaltsstoffe bleiben erhalten!

Einer Reihe dieser sekundären Pflanzenstoffe werden gesundheitsfördernde Wirkungen zugesprochen. In Kohl sind beispielsweise Glucosinolate enthalten. Sie sind für den bekannten deftigen Kohlgeruch verantwortlich. Viele Menschen empfinden ihn als unangenehm, und einigen Tiere ergeht es ebenso. Nur zu gern würden sie sich auf dem Feld oder im Garten über die saftigen Kohlköpfe hermachen, wäre da nicht der unangenehme Geruch. Das Ziel der Pflanze ist somit erreicht: Der Feind wurde erfolgreich abgewehrt und die eigene Existenz fürs Erste gesichert.

Beim Verzehr von Kohl nehmen wir diese Glucosinolate mit auf. Wie einige andere sekundäre Pflanzenstoffe haben vermutlich auch Glucosinolate eine gewisse Schutzfunktion bei der Entstehung von Krebserkrankungen. Wer also oft Kohl auf den Tisch bringt, tut seiner Gesundheit etwas Gutes. Andere sekundäre Pflanzenstoffe wie die für die Farbgebung von Früchten verantwortlichen Flavonoide und Carotinoide sollen ebenfalls das Krebsrisiko mindern. Darüber hinaus beugen sie Herz-Kreislauf-Erkrankungen vor, sind entzündungshemmend und senken den Blutdruck.

Vor allem in der Oberhaut, die botanisch als Epidermis bezeichnet wird, der Blätter, Stängel oder Früchte ist der Gehalt an sekundären Pflanzenstoffen hoch. Dort ist der Schutz vor Krankheiten, Schädlingen und Fressfeinden auch am nötigsten: Die äußeren Schichten dürfen erst gar nicht durchdrungen werden. Nach innen hin sinkt der Anteil der nützlichen Substanzen dann kontinuierlich. Wer also einen Apfel oder eine Tomate schält oder die äußeren Blätter eines Salatkopfs wegwirft, beseitigt ausgerechnet die wertvollsten Anteile. Darum ist es so wichtig, den Garten naturnah zu betreiben und auf ungesunde chemische Pflanzenschutzmittel zu verzichten. Viele Pflanzenschutzmittel legen sich wie ein Film über die Epidermis, um die Pflanzen vor Pilzen oder Schädlingen zu bewahren, andere dringen in Blätter, Stängel und Früchte ein oder werden von den Wurzeln aufgenommen. Beim Verzehr von solchermaßen behandelten Nahrungsmitteln ist deshalb Vorsicht geboten.

NUTZEN UND ZIERDE

Die meisten Inhaltsstoffe liefern Obst, Gemüse und Kräuter in frischem Zustand. Schon allein deshalb liegt es nahe, sie im eigenen Garten zu kultivieren, denn Produkte aus dem Supermarkt haben oft einen weiten Weg hinter sich und durch die lange Lagerung viele Vitalstoffe eingebüßt. Darüber hinaus stammt nach wie vor der größte Teil dieser Ware aus konventioneller Landwirtschaft und wird unter Einsatz von mineralischem Dünger und Pflanzenschutzmitteln angebaut; Hilfsmittel, die den Ertrag steigern sollen, aber zum Teil gesundheitliche Risiken beim Verzehr der behandelten Pflanzen nach sich ziehen.

Die Schönheit des Nützlichen lässt sich auch beim Konservieren nutzen. Hier trocknen dekorativ Kräuter und Heilpflanzen.

Im eigenen Garten, auf Balkon und Terrasse kann darauf verzichtet werden, wenn die Pflanzen ihren Bedürfnissen entsprechend kultiviert werden. Der Standort, der die Bodenverhältnisse, die Lage, die Sonneneinstrahlung umfasst, muss den Ansprüchen der Pflanze genügen. Wird in Mischkultur angebaut und eine sinnvolle Fruchtfolge im Garten eingehalten, bleiben die Pflanzen gesund, und außerdem ist für Vielfalt und Abwechslung im Grün gesorgt.

Denn die Nützlichkeit der kultivierten Pflanzen und die Attraktivität des Gartens schließen sich keineswegs aus. Mal ganz abgesehen davon, dass ein Nutzgarten schon immer ein ordentliches und ansehnliches Fleckchen Erde war, in dem Gemüse in akkuraten Reihen, Obst am Spalier und Kräuter und Heilpflanzen in rechteckigen Beeten gezogen wurden, betrachten wir auch seine Protagonisten heute mit anderen Augen. Ein Wirsingkohl in seiner ornamentalen Pracht oder ein blühender, graulaubiger Salbei stehen einer kapriziösen Staude an Schönheit in nichts nach, und ein Johannisbeer-Hochstämmchen mit in der Sonne funkelnden Früchten nimmt es an Anmut und Glamour mit jeder Edelrose auf.

Neu ist dieser bewundernde Blick auf die uns nährenden und heilenden Pflanzen nicht. Bis in die Renaissance galten wohlgeformte Kohlköpfe und rotwangige Äpfelchen als außerordentlich dekorativ. Die Obst-, Gemüse- und Kräuterbeete lagen in der Regel direkt am Haus. Dieses Terrain übernahmen später die Blumen, der Nutzgarten wurde an den Rand verwiesen. »Die vielen verschiedenen

Gerüche, die von solchen Kräutern wie etwa Kohl und Zwiebeln ausgehen, sind kaum ein angenehmes Parfum für irgendeine Behausung«, schrieb 1629 der englische Arzt und Botaniker John Parkinson.

Vor allem in Deutschland verströmte die Obst- und Gemüsekultur lange Zeit einen gewissen Arme-Leute-Muff und Schrebergartenspießigkeit. Zu sehr erinnerten Nutzgärten an die Not der Kriegs- und Nachkriegsjahre. Diese Einstellung änderte sich erst mit der Ökologiebewegung der Achtzigerjahre des vergangenen Jahrhunderts. Das Verhältnis zur Natur wandelte sich, sie wurde nicht mehr als bedrohlich, sondern als schützenswert empfunden. Man wurde sich bewusst, dass mit der Verwüstung der Natur die Zerstörung der eigenen Lebensgrundlagen einherging, und gleichzeitig kam die industrialisierte Landwirtschaft mit ihren synthetischen Düngern und Pflanzenschutzmitteln, den Wachstumsreglern und Beizen in Verruf. Biologisch angebaute Lebensmittel waren plötzlich angesagt, doch bis weit in die Neunzigerjahre war man auf den naturnahen Anbau im eigenen Garten angewiesen. Bioläden gab es noch nicht an jeder Ecke, und höchstens im Reformhaus wurde unbehandeltes Obst und Gemüse angeboten.

Inzwischen kommen immer mehr biologisch produzierte Nahrungsmittel zu erschwinglichen Preisen in den Handel. Aber immer häufiger wird auch über Lebensmittelskandale berichtet. Der Anbau von Obst, Gemüse und Kräutern im eigenen Garten, auf

Obst frisch vom Strauch oder Baum gepflückt ist ein einmaliger Genuss.

Balkon und Terrasse lohnt sich deshalb auf jeden Fall. Darüber hinaus kann man im eigenen Garten mit Arten und Sorten experimentieren, die es noch nicht mal im Bioladen zu kaufen gibt. Manches davon ist fast in Vergessenheit geraten. Haferwurzel, Guter Heinrich und Melde kennt heute kaum noch jemand. Dasselbe gilt für seltenere Sorten von Tomaten, Kohl, Bohnen oder Salat, die mit köstlichen Aromen, wertvollen Inhaltsstoffen sowie einem ungeheuren Reichtum an Farben und Formen aufwarten.

NUTZPFLANZENVIELFALT

Auch wenn die Auslagen der Wochen- und Supermärkte etwas anderes vorgaukeln: Die Vielfalt unserer Nutzpflanzen ist in den vergangenen Jahrzehnten drastisch zurückgegangen. Viele alte Sorten sowie regionale und Landsorten werden erwerbsmäßig gar nicht mehr angebaut; meistens wurden sie von ertragreicheren und leichter zu kultivierenden Varietäten verdrängt, wie das Beispiel der Melde zeigt, die vom Spinat abgelöst wurde. Viele Sorten haben außerdem ihre Zulassung verloren, und der Prozess, sie wieder in den Sortenkatalog aufzunehmen, ist trotz zahlreicher Bemühungen immer noch langwierig und schwierig.

Nur in privaten Haushalten ist es erlaubt, nicht mehr zugelassene Sorten anzubauen. Entsprechendes Saatgut erhält man überwiegend bei privaten Initiativen. Viele alte Nutzpflanzenarten erleben aber seit einiger Zeit wieder eine Renaissance und können oft auch über den Fachhandel bezogen werden. Mit alten Sorten und in Vergessenheit geratenen Arten zu experimentieren macht aber nicht allein dem Gärtner Spaß. Auch Köche kommen auf ihre Kosten, denn die Pflanzen haben oft einen viel intensiveren und besonderen Geschmack und sind sehr viel widerstandsfähiger als neue Züchtungen. Obendrein trägt man mit ihrer Kultivierung dazu bei, dass sie uns erhalten bleiben und nicht aussterben.

MEDIZIN AUS DEM GARTEN

Die Schulmedizin ist in der Vergangenheit immer wieder ins Gerede gekommen, und viele Menschen stehen der modernen Medikation skeptisch gegenüber. Immer häufiger werden sanftere Heilverfahren nachgefragt und auch empfohlen, die auf die Wirkstoffe der Natur zurückgreifen und die sich bei unseren Vorfahren seit Jahrhunderten bewährt haben. Bei Bauchweh greifen wir nicht mehr automatisch zur Tablette, sondern trinken erst einmal eine Tasse Pfefferminztee, Nervosität und Prüfungsangst versuchen wir mit Baldrianwurzeln beizukommen und kleinere Wunden und Verbrennungen lindern wir mit Ringelblumensalbe.

Da trifft es sich gut, dass ein Nutzgarten hinter dem Haus nicht mehr als spießig und altbacken abgetan wird. Mittlerweile nämlich gilt es als außerordentlich chic, all diese guten und gesunden Gaben der Natur im eigenen Garten anzubauen; sowohl zu kulinarischen als auch zu medizinischen Zwecken.

Obst – gesunde Leckereien

Obstgehölze sind nicht nur was für große Gartenanlagen. Auch für kleine Gärten und sogar für Kübel stehen Arten und Sorten zur Auswahl, die für fruchtige Abwechslung stehen.

Obstgehölze kultivieren

Eine Obstwiese mit üppig Früchte tragenden Apfelbäumen ist der Traum jedes Gartenfreundes. Die Obstkultur gelingt aber auch auf wesentlich kleinerem Grund.

Ein ausgewachsener Obstbaum ist ein markantes Gartenelement und kann den Gesamteindruck vor allem in kleineren Anlagen entscheidend prägen. Aber Obstgehölze sind nicht nur Fruchtlieferanten, sondern allesamt auch äußerst ansehnliche Blütengehölze, die meist früh im Jahr ihren Flor entwickeln und daher auch immer wertvolle Bienenweiden sind. Und egal ob Äpfel oder Birnen, Kirschen oder Pflaumen, Himbeeren oder Holunder: Sie alle enthalten wertvolle Inhaltsstoffe, die uns gesund und fit halten, die Krankheiten lindern und sogar heilen können.

Dabei sind Obstgehölze heutzutage keineswegs mehr ausschließlich eine Option für großzügig bemessene Grundstücke. Es gibt auch zierliche und schmal wachsende Sorten, die besonders gut für kleine Gärten und sogar für die Kübelbepflanzung auf der Terrasse oder dem Balkon geeignet sind. Im Topf kultivierte Johannisbeer- oder Stachelbeer-Hochstämmchen haben hier längst Einzug gehalten. Aber auch spezielle Säulenformen von Apfel und Birne, sogenannte Ballerinabäume, eignen sich bestens für die Gefäßkultur.

OBST AM SPALIER

Eine althergebrachte, platzsparende und durchaus attraktive Möglichkeit, Obstgehölze im Garten zu kultivieren, ist die Erziehung am Spalier. Im Frankreich des 17. Jahrhunderts, zur Herrscherzeit Ludwigs XIV., wurden Bäume gern mit Seilen, Draht und Stäben in Form gebracht. Das hatte sicher viel mit dem Drang des Sonnenkönigs zu tun, sich die Natur untertan zu machen, war andererseits aber auch ganz praktisch begründet. Die Mauern, an denen die u-, fächer- oder gabelförmigen Spaliere früher wie heute angelehnt sind, speichern die Wärme und das Licht der Sonne und geben sie an die Gewächse weiter. So lassen sich im Kleinklima eines ummauerten Gartens sogar kälteempfindliche Obstarten wie Aprikosen ziehen. Zudem sind am Spalier gezogene Früchte leichter zu ernten als die am Baum.

Das sind auch heute noch gute Gründe, einen Versuch mit der Obstkultur am Spalier zu wagen. Man kann das Spalier an einer nach

Süden gerichteten Mauer anbringen, aber auch als frei stehenden Sichtschutz oder Raumteiler im Garten einsetzen. Frei stehende Gerüste müssen allerdings besonders fest verankert sein, um auch gelegentlichen Stürmen standzuhalten. Spaliere sind allerdings nicht für jeden Garten geeignet, und die Erziehung der Gehölze will gelernt sein. Für naturnahe Gärten, in denen der Platz für einen ausgewachsenen Obstbaum fehlt, eignen sich Wildgehölze wesentlich besser. Viele von ihnen bilden wunderbar dichte und farbenfrohe Hecken, die zahlreichen Nützlingen Schutz und Nahrung bieten. Wildfrüchte enthalten zum Teil sehr viele und wertvolle Inhaltsstoffe und stehen den züchterisch bearbeiteten Obstbäumen und -sträuchern in dieser Hinsicht in nichts nach. Außerdem sind die schönen Wilden lange nicht so pflegeaufwendig wie die kultivierten Gehölze, die regelmäßig geschnitten werden müssen, damit sie üppig Früchte tragen.

Beerenobst

BROMBEERE *(Rubus sect. Rubus)*
Die wild wachsende heimische Brombeere, die man häufig auch noch unter dem botanischen Namen *Rubus fruticosus* findet, hat unscheinbare kleine weiße Blüten und ist in vielen Gärten eher unbeliebt, denn ihr ungezähmtes Wachstum und ihr Ausbreitungsdrang sind kaum zu bremsen. Mit ihren langen, stacheligen Zweigen überwuchert sie in Windeseile große Flächen. Man kann diese heimische Art zweifellos auch zu den Wildobstarten zählen. Inzwischen wurde sie jedoch in großem Stil züchterisch bearbeitet, und es gibt auch gartenkompatiblere Kultursorten, die besser im Zaum zu halten und zum Teil sogar dornenlos sind, was sie zu einer guten Wahl macht, wenn Kinder im Garten spielen. Das Aroma ihrer Früchte ist allerdings nicht ganz so ausgeprägt wie das der wilden Urform, die nach wie vor in Gebüschen und an Wald- und Feldrändern wächst und deren Beeren bereits von den Menschen der Jungsteinzeit verzehrt wurden, wie archäologische Ausgrabungen ergaben. Zu der Zeit von Hippokrates 400 v. Chr. fanden Beeren und Blätter bereits medizinische Verwendung. In die Gärten kam das Rosengewächs allerdings erst gegen Mitte des 19. Jahrhunderts und wurde dann auch bald in größerem Umfang kultiviert.

Anbau Im Garten passen Brombeeren gut in eine gemischte Hecke. Man kann sie auch am Spalier ziehen oder an einen Zaun pflanzen, der ihren Ranken Stütze bietet. Auf jeden Fall ist es sinnvoll, sie an einen Platz zu pflanzen, an dem ihr ungestümer Wuchs keinen Schaden anrichtet. Der Boden sollte humos und durchlässig sein, der Standort sonnig bis halbschattig. Ansonsten sind Brombeeren anspruchslos und robust.

Ernte Brombeeren kann man im Zeitraum von Juli bis September ernten. Viele Sorten blühen und fruchten gleichzeitig. Die blauschwarzen Früchte sind reif und süß, wenn sie sich ganz leicht von den Fruchtzapfen lösen lassen.

Verarbeitung Brombeeren zählen zum sogenannten Weichobst, das besonders empfindlich ist und daher schonend und sorgfältig behandelt werden muss. Die Früchte sollten möglichst direkt nach der Ernte verzehrt werden. Sie schmecken roh, ergeben aber auch einen köstlichen Kuchenbelag sowie Desserts, Saft, Marmelade und Gelee. Vor der Zubereitung werden die Beeren nur kurz und sehr vorsichtig gewaschen.

Sorten Lange Zeit hatte in Deutschland die bestachelte Brombeere 'Theodor Reimers' eine große Bedeutung. Sie ist großbeerig, ertragreich und sehr aromatisch, bildet aber sehr lange überhängende Triebe. Pflegeleichter ist die stachellose 'Thornless Evergreen', die allerdings nicht ganz so aromatisch ist, dagegen aber mit sehr dekorativem, geschlitztem Laub aufwartet. 'Navaho' ist ebenfalls stachellos und mit ihrem aufrechten Wuchs und ihren großen, festen und aromatischen Früchten der ideale Strauch für Besitzer kleiner Gärten. Die Sorte eignet sich auch bestens für die Gefäßkultur.

Medizinische Wirkung Brombeeren sind reich an Magnesium, Calcium und Vitamin A sowie an Flavonoiden, die das Risiko für bestimmte Krebserkrankungen sowie für Herz-Kreislauf-Erkrankungen senken. Brombeersaft wirkt günstig auf Magen, Darm und Blase. Brombeerblätter ergeben außerdem einen heilkräftigen Tee, der bei Magen-Darm-Erkrankungen hilft.

REZEPT

Brombeerblättertee für den Magen

Zutaten für eine Tasse Tee:

5 g getrocknete Brombeerblätter
150-200 ml Wasser

Brombeerblätter werden im späten Frühjahr geerntet, dann getrocknet und in Gläser abgefüllt. Sie bewahren etwa ein Jahr lang ihre Wirkstoffe. Pro Tasse Tee werden etwa fünf Gramm getrocknete Brombeerblätter mit 150-200 Milliliter kochendem Wasser übergossen. Zehn Minuten ziehen lassen, abseihen und gegebenenfalls mit Honig süßen.

Neben der Wildform der Brombeere, die sehr aromatisch ist, jedoch viele Dornen aufweist, gibt es mittlerweile auch stachellose Sorten, die sich auch leichter im Zaum halten lassen.

Ein Erdbeertopf verhindert Staunässe und sieht schön aus.

ERDBEERE *(Fragaria sp.)*
Erdbeeren sind der erste Vorgeschmack auf den Sommer. Aus den heimischen Wäldern stammt die kleinfruchtige Walderdbeere *(Fragaria* var. *vesca)*, die schon in der jüngsten Steinzeit vom Menschen gesammelt wurde, wie archäologische Funde gezeigt haben. Walderdbeeren bestechen mit einem unvergleichlichen Aroma und werden als Delikatesse gehandelt. In schattigeren Gartenpartien machen sie sich gut als Bodendecker, die mit anmutigen weißen Blüten bezaubern. Großfruchtige Formen wurden in Europa erst im 17. Jahrhundert eingeführt. Entgegen der landläufigen Meinung stammen sie aber nicht von der Walderdbeere ab. Die heutige Gartenerdbeere *(Fragaria* x *ananassa)* ist vielmehr eine Kreuzung der in den chilenischen Anden wachsenden Chileerdbeere *(Fragaria chiloensis)* und der nordamerikanischen Scharlacherdbeere *(Fragaria virginiana)*. Die Arten kamen über Frankreich nach Europa, in Großbritannien entstanden dann erste Kulturformen. Inzwischen gibt es unzählige Sorten, von denen aber nur ein Bruchteil in den Handel kommt, denn hier wird Wert auf große und transportfähige Früchte gelegt. Häufig zählen aber gerade großfrüchtige Sorten nicht zu den aromatischsten. Im Garten, aber auch in Töpfen können besondere Sorten wie 'Mieze Schindler', die es nicht im Supermarkt gibt, nach Herzenslust angebaut werden.

Anbau Erdbeeren lieben einen humusreichen, lockeren, leicht sauren und nicht zu trockenen Boden sowie einen geschützten, sonnigen Standort. Gartenerdbeeren bilden Ableger an langen Ranken. Sie rauben der Mutterpflanze Kraft und sollten nach der Ernte entfernt werden. Ableger von reich tragenden Pflanzen kann man extra kultivieren und für die Neuanlage eines Erdbeerbeetes verwenden, denn nach drei bis vier Jahren lässt der Ertrag in der Regel nach. Für monatelangen Genuss sorgen Monatserdbeeren, deren Früchte relativ klein sind, dafür aber von Juni bis zu den ersten Frösten erscheinen. Sie bilden kleine Büsche und eignen sich auch für den Topf oder den Balkonkasten.
Besonders dekorativ sehen Erdbeeren in sogenannten Erdbeertöpfen aus.
Ernte Die leuchtend roten Früchte der Gartenerdbeere erscheinen ab Ende Mai bis Ende Juni. Monatserdbeeren bilden ihre Früchte durchgehend von Juni bis zum späten Herbst.
Verarbeitung Die Wirkung der wertvollen Inhaltsstoffe entfaltet sich am besten beim Verzehr frischer Beeren. Sie lassen sich ohnehin nicht lange lagern, und wer sie konservieren möchte, sollte sie am besten einfrieren. Erdbeeren sind vielseitig einsetzbar. Sie lassen sich zu wunderbaren Marmeladen, Milchmixgetränken, Eis und Desserts verarbeiten, und eine Erdbeerbowle krönt jeden Sommertag.
Sorten Einige der alten Sorten wie 'Mieze Schindler' bekommt man mittlerweile als Jungpflanzen in gut sortierten Gärtnereien. Ihre dunkelrot glänzenden Früchte sind einzigartig aromatisch, aber so weich, dass sie sich nicht lagern lassen. Auch Sorten wie die reich tragende 'Senga Sengana' und 'Elvira', die recht früh reif sind, werden fast ausschließlich in Hausgärten kultiviert. Inzwischen gibt es auch spezielle Sorten für die Gefäßkultur, etwa 'Rosanna'. Empfehlenswerte Monatserdbeeren-Sorten sind 'Rügen' sowie die etwas großfruchtigere 'Alexandria'.
Medizinische Wirkung Erdbeeren sind reich an Vitamin C, B_1 und B_2 und enthalten viele Mineralstoffe, vor allem Magnesium, Eisen, Kalium und Calcium sowie Flavonoide.

HIMBEERE *(Rubus idaeus)*

Unsere Gartenhimbeeren stammen von der europäischen Wildhimbeere ab, die schon in der Antike als Heilpflanze hoch geschätzt wurde. Kultiviert wurde das Rosengewächs aber erst in den Klöstern des Mittelalters, wo es auch zur Herstellung von Parfum und Getränken gebraucht wurde.

Anbau Als Pflanze, die ursprünglich an Waldrändern und auf Lichtungen zu Hause ist, schätzt die Himbeere im Garten einen halbschattigen Standort und einen durchlässigen, humosen Boden. Und sie braucht eine Stütze. Dazu kann man zwischen zwei Pfähle Draht spannen, an die Ruten dann festgebunden werden. Vor allem die Rutenkrankheit setzt manchen sommertragenden Himbeeren zu; ein freier Stand, damit die Luft zirkulieren kann, ist deshalb ideal. Bei sommertragenden Himbeeren werden die abgetragenen Ruten nach der Ernte bodennah entfernt, bei herbsttragenden Himbeeren schneidet man alle Ruten im Herbst bodennah ab. Sie treiben im Frühjahr wieder aus.

Ernte Sommertragende Sorten sind eigentlich die klassischen Himbeeren, die bereits im August erntereif sind. Die herbsttragenden Himbeeren entwickeln im Sommer nur einige Früchte, die Haupterntezeit beginnt im September und reicht bis zu den ersten Frösten. Reif sind die Früchte, wenn sie sich leicht vom Blütenboden lösen lassen.

Verarbeitung Die Himbeere zählt ebenso wie ihre Schwester, die Brombeere, zu den Weichfrüchten, die sehr vorsichtig geerntet und verarbeitet werden müssen. Man sollte sie möglichst frisch vom Strauch gepflückt gleich verzehren. Sie eignen sich nicht für die Lagerung und halten sich selbst im Kühlschrank höchstens zwei Tage lang. Tiefgefroren bewahren sie indes ihr Aroma. Dazu legt man die frischen Früchte zunächst einzeln auf ein Tablett und gefriert sie vor, anschließend können sie, in Gefrierbeutel oder -dosen gefüllt, im Tiefkühlfach über mehrere Monate lagern.

Sorten Die sommertragende Sorte 'Gradina' ist sehr frosthart und eignet sich vor allem für Regionen mit kalten Wintern. 'Meeker' ist robust, widerstandsfähig gegen Viren und außerordentlich ertragreich. Die Früchte der herbsttragenden Sorten 'Autumn Bliss' und 'Schönemann' reifen bis Frostbeginn.

Medizinische Wirkung Ein Tee aus Himbeerblättern hilft bei Schleimhautentzündungen im Mund- und Rachenraum sowie bei Durchfall. Die Früchte zeichnen sich durch einen hohen Gehalt an Mineralstoffen sowie Vitamin C und B und Flavonoiden aus. In der Volksmedizin gilt Himbeersaft als probates Mittel zur Fiebersenkung.

REZEPT

Himbeeressig

Zutaten:

100 g Himbeeren
1 kleines Stück frischer Ingwer
5 schwarze Pfefferkörner
500 ml Obstessig

Himbeeressig ist seit einiger Zeit ein Geheimtipp in Gourmetkreisen, denn er peppt Wildgerichte, Salate und Rotkohl kräftig auf. Man kann ihn in kleinen Flaschen kaufen, er lässt sich aber auch ganz leicht selbst herstellen. Dazu benötigt man nur Himbeeren, etwas frischen Ingwer, schwarze Pfefferkörner und Obstessig sowie eine 1-Liter-Flasche zum Abfüllen.

Die Himbeeren vorsichtig waschen und trocken tupfen, den Ingwer schälen. Anschließend Himbeeren, Ingwer und Pfefferkörner in die Flasche geben und mit dem Essig auffüllen.

Bei geschlossener Flasche muss der Essig fünf Tage lang ziehen. Dann wird er gefiltert und zurück in die Flasche gefüllt. Ungeöffnet ist er etwa sechs Monate haltbar.

Die Weiße Johannisbeere ist eine Zuchtform der Roten Johannisbeere und schmeckt süßsäuerlich.

Eine Tinktur aus frischen Blättern der Schwarzen Johannisbeere wirkt gegen Stress und Wechseljahrbeschwerden.

JOHANNISBEERE *(Ribes sp.)*

Johannisbeeren gehören zu den Steinbrechgewächsen und wuchsen wie viele andere beliebte Beerenarten hierzulande ursprünglich wild in Büschen und am Wald- und Feldrand. Vor allem die Heilwirkung ihrer Blätter bei Rheuma, Gicht und Keuchhusten ist seit dem Mittelalter bekannt. Es gibt Rote, Schwarze und Weiße Johannisbeeren, wobei die Weiße lediglich eine andersfarbige Variante der Roten Johannisbeere ist, die Schwarze hingegen eine eigenständige Art darstellt. Am beliebtesten von allen ist die Rote Johannisbeere *(Ribes rubrum)* mit ihren langen Rispen und dem herbsüßen Aroma. Am meisten Inhaltsstoffe enthält die Schwarze Johannisbeere.

Anbau Johannisbeeren lassen sich wunderbar als Hochstämmchen ziehen und sorgen so für vertikale Elemente im Garten. Ein regelmäßiger Schnitt ist aber besonders wichtig, damit die Krone nicht zu groß und schwer wird und die Äste nicht abbrechen. Das Fruchtholz sollte sich an der Kronenbasis bilden. Johannisbeeren bevorzugen humosen Boden, der immer gut feucht gehalten werden sollte, und eine sonnige, möglichst windgeschützte Lage.

Ernte Geerntet wird ab dem 24. Juni, dem Johannistag, bis zum August. Rote Johannisbeeren werden mit Stiel gepflückt. Das Verlesen ist einfach, wenn man eine Gabel zu Hilfe nimmt, mit deren Zinken man die Früchte von den Stielen streift. Kleine Stielansätze bleiben dabei aber hin und wieder stehen. Auf die weitere Verarbeitung kommt es an, ob die Stielansätze dranbleiben können oder entfernt werden müssen. Bei verschiedenen Sorten der Schwarzen Johannisbeere reifen die Beeren an einer Traube unterschiedlich; sie müssen dann sorgfältig einzeln gepflückt werden.

Verarbeitung Besonders die aromatischen Roten, aber auch die süßsäuerlichen Weißen Johannisbeeren werden meist frisch verzehrt, ergeben aber auch köstliche Tortenbeläge, Marmeladen, Gelees und Säfte. Die je nach Sorte mehr oder weniger herb-bitteren Schwarzen Johannisbeeren sind als Frischfrucht weniger beliebt, ergeben aber gezuckert ebenfalls wohlschmeckende Desserts und Marmeladen. Besonders gut eignen sie sich zur Herstellung von Likören und Wein. Werden die Früchte entsaftet oder zu Likören und Weinen verarbeitet, können einige Stielansätze an den Früchten verbleiben. Andernfalls muss alles Grüne entfernt werden.

Sorten Die rote 'Jonkheer van Tets' ist eine bewährte frühe Sorte mit großen, saftigen Beeren. 'Rote Holländische' ist robust und auch für rauere Lagen geeignet. Mit langen Trauben punktet die gleichfalls alte Sorte 'Rote Vierländer'. Die robuste weiße Sorte 'Vit Jätte' trägt reichlich mild-süße Früchte, und besonders ertragreich ist auch die langtraubige 'Weiße Versailler'. Die Schwarze Johannisbeere 'Silvergieters Schwarze' reift früh und hat recht milde, süße Früchte. Die schwarze 'Titania' ist starkwüchsig und hat große Beeren, ebenso wie 'Rosenthals Langtraubige', deren Beeren zudem einen besonders hohen Vitamin-C-Gehalt aufweisen.

Medizinische Wirkung Vor allem die Schwarze Johannisbeere ist reich an Vitamin A, B und gehört zu den absoluten Spitzenträgern von Vitamin C. Darüber hinaus enthält sie Flavonoide sowie Mineralstoffe wie Kalium, Calcium, Eisen, Magnesium und Phosphor. Rote und Weiße Johannisbeeren weisen dieselben Wirkstoffe auf, allerdings in geringerer Dosis.

STACHELBEERE *(Ribes uva-crispa)*

In England ist es seit jeher ein gärtnerischer Sport, um die größten und schwersten Stachelbeeren untereinander zu wetteifern. Die Briten lieben ihre »gooseberries«, während Stachelbeeren hierzulande immer noch ein Schattendasein führen. Das mag auch mit dem Stachelbeermehltau zu tun haben, der zu Anfang des 20. Jahrhunderts von Amerika nach Europa eingeschleppt wurde und ganze Ernten vernichtete. Doch die meisten der heute angebotenen Sträucher sind resistent gegen den Pilz und bestechen darüber hinaus mit fruchtig süßen Aromen. Je nach Sorte sind Stachelbeeren kugelig oder oval, hellgrün, goldgelb oder rot, uni oder gestreift. Einige Beeren sind borstig, andere flaumig, und die Schale ist ebenfalls je nach Sorte mal dünner, mal fester.

Das Steinbrechgewächs, das seit dem 14. Jahrhundert in Klostergärten kultiviert wird, ist in ganz Eurasien bis hin zur Mandschurei zu Hause.

Anbau Die Pflanze ist anspruchslos, gedeiht sowohl in sonnigen wie halbschattigen Lagen und lässt sich als Strauch genauso gut kultivieren wie als Hochstamm oder als Hecke.

Ernte Stachelbeeren erntet man ab Juni. Sie werden aber je nach Verwendungsart in unterschiedlichen Reifegraden gepflückt. Es empfiehlt sich, einen Teil der Früchte in noch unreifem Zustand für Kompott oder als Kuchenbelag zu verwerten. Das entlastet die Sträucher und fördert die Ausreife der übrigen Beeren. Beim Pflücken ist darauf zu achten, dass das Stielchen an der Frucht bleibt, damit die Schale nicht beschädigt wird und kein Saft aus der Frucht austritt.

Verarbeitung Reife Beeren frisch vom Strauch sind ein Genuss und auch gar nicht sauer, denn der hohe Säuregehalt der Früchte wird durch den hohen Zuckeranteil ausgeglichen. Werden die Beeren nicht frisch verzehrt, können sie zu Kompott oder Marmelade verarbeitet oder als Kuchenbelag verwendet werden.

Sorten Weißlich grüne Früchte trägt die ertragreiche 'Weiße Triumph', die sich gut für die Kultur als Hochstämmchen eignet. Eine altbewährte gelbfruchtige, nicht mehltauanfällige Sorte ist 'Hönings Früheste'. 'Invicta' ist unter den neuen Züchtungen die beste gelbgrüne Sorte. Grüne Beeren trägt 'Lady Delamere', eine robuste, ertragreiche Sorte, die auch in rauen Lagen bestens zurechtkommt. Rotfruchtig ist die Sorte 'Maiherzog', die sich ebenfalls gut als Hochstämmchen ziehen lässt.

Medizinische Wirkung Stachelbeeren fördern die Verdauung und entschlacken den Körper. Sie enthalten viel Vitamin C und B sowie reichlich Mineralstoffe und Flavonoide.

Ein solch altehrwürdiger Obstbaum spendet Schatten und köstliche Früchte und erfreut im Frühling mit himmlischen Blüten.

Kernobst

APFEL *(Malus domestica)*
Der Apfel ist unser liebstes Obst, und nach wie vor ist das Rosengewächs auch eines der beliebtesten Gehölze. Mit den zartrosafarbenen Blüten verzaubern Apfelbäume Ende April jeden Garten. Und wenn dann im Herbst die runden Früchte erntereif sind, zögern wir fast, sie zu pflücken, weil sie einfach zu hübsch aussehen.

Es gibt wohl kaum ein anderes Nahrungsmittel, um das sich so viele Geschichten und Legenden weben. Und das begann bereits im Paradies, als der Mensch sich mit einem einzigen Biss in einen Apfel alles verscherzte, und setzt sich fort beim Trojanischen Krieg, dessen Ursprung der Streit dreier Göttinnen um einen vergoldeten Apfel war. Seither spricht man auch vom Zankapfel. Die Entdeckung der Schwerkraft durch Newton verdanken wir einem fallenden Apfel, und laut Schiller brachte Wilhelm Tells grandioser Schuss in einen Apfel den Schweizern die Freiheit.

In allen Kulturkreisen gehört der Apfel zu den Attributen der Liebes- und Fruchtbarkeitsgöttinnen. Archäologen fanden die Überreste von Wildäpfeln in prähistorischen Siedlungen in ganz Europa bis nach Asien. Die ältesten Funde datieren die Forscher ins mittelsteinzeitliche 7. Jahrtausend vor Christus. Griechen und Römer kultivierten Äpfel und beherrschten bereits die Kunst der Veredelung. Nach dem Untergang des Römischen Reiches setzten die Klöster Europas den Obstanbau fort. Später formulierte Martin Luther den wohl berühmtesten Satz zum Thema Apfel: »Wenn ich wüsste, dass morgen die Welt unterginge, würde ich heute noch ein Apfelbäumchen pflanzen«, bekannte der Reformator und arrivierte den Apfel als ein Zeichen der Hoffnung.

Anbau Wer heute ein Apfelbäumchen pflanzen will, hat die Qual der Wahl. Weltweit werden schätzungsweise 20 000 Sorten gezählt. Sie alle lieben fruchtbare, durchlässige Böden in einer sonnigen Lage. Apfelbäume sind nicht selbstbefruchtend und benötigen deshalb andere Sorten in der Umgebung, die in etwa dieselben Blühzeitpunkte haben. Jeder Baum sollte daher in unmittelbarer Nachbarschaft zu einem anderen Apfelbaum stehen, der mindestens drei Tage lang gemeinsam mit ihm blüht.

Ernte Die Apfelernte beginnt im September, kann aber je nach Sorte auch etwas früher ausfallen. Reif ist ein Apfel, wenn er sich mit einer leichten Drehbewegung pflücken lässt. Es gibt früh reifende und spät reifende Äpfel und solche mit mittlerem Reifegrad. Früh reifende Äpfel sind meistens nicht lange haltbar und für den sofortigen Verzehr geeignet, bei späterer Reife ist dagegen meist eine gute Lagerfähigkeit zu erwarten.

Verarbeitung Äpfel werden am besten frisch vom Baum verzehrt, und zwar ungeschält, denn bis zu 70 Prozent ihrer wertvollen Inhaltsstoffe stecken direkt unter der Schale. Äpfel lassen sich aber auch sehr gut lagern, wobei sich die Dauer der Lagerfähigkeit nach der Sorte und dem Reifegrad richtet. Am besten lagert man die Äpfel einlagig in einer Obstkiste und stellt sie an einen dunklen und kühlen Platz. Beschädigte und faule Früchte müssen regelmäßig entfernt werden.

Äpfel lassen sich aber auch frisch als Kuchenbelag verwenden, man kann sie zu Kompott und Apfelmus verarbeiten, und zur Winterzeit sind Bratäpfel sehr beliebt.

Sorten Für den heimischen Garten empfiehlt es sich, Apfelsorten auszuwählen, die nicht auf jedem Wochenmarkt zu haben sind. Dazu

REZEPT

Geriebener Apfel bei Durchfall

Bei Durchfallerkrankungen gilt ein geriebener Apfel als altes Hausmittel, das schnell Linderung schafft. Aber warum muss der Apfel gerieben sein und kann nicht einfach in Stücken gegessen werden? Der wichtigste Wirkstoff des Apfels ist in diesem Falle das Pektin, das Wasser bindet und leicht stopfend wirkt. Aufgrund seiner chemischen Struktur steht es dem Körper in geriebener Form schneller zur Verfügung.

Wer Äpfeln aus der Region den Vorzug gibt, trägt zur Sortenvielfalt bei und erspart sich in der Regel den Einsatz von chemischen Spritzmitteln.

zählen alte, robuste Varietäten, die auch ohne Pflanzenschutzmittel widerstandsfähig sind gegen Apfelkrankheiten wie Mehltau, Schorf oder Krebs. Mit der Wahl historischer Obstgehölze trägt man im Übrigen dazu bei, dass alte Pflanzenschätze wie etwa der 'Finkenwerder Herbstprinz', der 'Himbeerapfel', 'Krügers Dickstiel' oder die 'Rote Sternrenette', um nur einige zu nennen, wieder mehr Bedeutung erlangen und die Vielfalt gewahrt bleibt. Dazu kommt, dass Baumpollenallergiker, die keine neuen Züchtungen vertragen, mit alten Apfelsorten wie der 'Champagner Renette' oder dem 'Weißen Winterglockenapfel' in der Regel keine Probleme haben.

Geben Sie Sorten aus der Region den Vorrang, denn sie sind an die jeweiligen lokalen Standortverhältnisse angepasst und entwickeln sich im selben Klima meist problemlos. Äpfel, die etwa im norddeutschen Meeresklima gedeihen, entwickeln in Bergregionen nicht das gleiche Aroma. Solche Äpfel erlangen manchmal nur selten überregionale Bedeutung, kommen aber mit den Böden und den Witterungsverhältnissen des Umlandes bestens zurecht und sind so auch weniger krankheitsanfällig.

Ansprechende Ballerina-Äpfel für den Minigarten oder den Topf sind die Sorten 'Polka' und 'Bolero'.

Medizinische Wirkung »An apple a day keeps the doctor away« heißt ein englisches Sprichwort. Und Mediziner bestätigen, dass schon der Genuss eines Apfels pro Tag das Immunsystem stärkt. Äpfel besitzen leicht verdauliche Kohlenhydrate, reichlich Vitamin C und Mineralstoffe. Darüber hinaus enthalten sie Flavonoide als sekundäre Pflanzenstoffe. Sie tragen dazu bei, dass das Risiko für bestimmte Krebserkrankungen und für Herz-Kreislauf-Krankheiten sinkt. Zudem wirken sie blutdrucksenkend und entzündungshemmend.

BIRNE *(Pyrus communis)*

Die Birne gehört zu den schönsten Frühblühern unter den Obstgehölzen und kam einst aus Westasien nach Mitteleuropa. Sie ist nach dem Apfel das bedeutendste heimische Kernobst. Im Frühling erscheinen ihre schneeweißen Blüten, aus denen sich bis zum Herbst köstliche, süß-aromatische Früchte entwickeln, die allerdings, anders als viele Apfelsorten, nicht lange haltbar sind.

Die Geschichte des Rosengewächses reicht weit zurück. Für die Babylonier war der Birnbaum heilig, und auch für den griechischen Dichter Homer war die Birne eine Gabe der Götter. Im antiken Griechenland wurde die Frucht bereits in relativ großem Stil gezüchtet, und der römische Geschichtsschreiber Plinius der Ältere berichtete bereits 50 Jahre nach Christus von drei Dutzend Birnensorten. Mit den Römern kamen die Kultursorten dann nach Mitteleuropa. Während der Völkerwanderung gingen allerdings viele dieser Varietäten verloren. Später sorgten dann vor allem die Klöster für eine Wiederbelebung des Obstanbaus. Einen besonderen Schub erlangte die Birnenzucht vor allem während der Herrschaft Ludwigs XIV. von Frankreich, denn der Obst- und Küchengärtner des Sonnenkönigs, Jean-Baptiste La Quintinie, experimentierte bevorzugt mit Birnen. Noch heute kann man die alten, am Spalier gezogenen Sorten in den königlichen Gärten von Versailles, dem »Potager du roi«, bestaunen.

Anbau Da die Birne noch vor dem Apfel blüht, ist sie mancherorts spätfrostgefährdet. Am besten gedeiht sie in geschützter, sonniger Lage oder am Spalier an einer Mauer. Der Boden sollte nährstoffreich, warm, eher leicht und dabei tiefgründig sein. Auch Birnen benötigen Befruchtersorten, damit sich Früchte bilden.

Ernte Je nach Sorte werden Birnen von August bis Oktober geerntet. Reif sind sie, wenn sie sich durch leichtes Drehen vom Baum pflücken lassen. Sie sind dann meist noch hart und sollten nicht gleich verzehrt werden, denn Birnen reifen nach. Dafür werden sie in einem kühlen, hellen Raum gelagert. Einige Sorten benötigen nur wenige Tage zum Nachreifen, andere mehrere Wochen. Um den Reifegrad der Birne zu prüfen, sollte man die Frucht mit dem Daumen ganz leicht drücken. Gibt sie geringfügig nach, kann die Frucht verzehrt werden.

Verarbeitung Sobald Birnen reif sind, sollten sie verzehrt werden. Rohe Birnen schmecken nicht nur solo, als süßes Dessert oder im Obstsalat, sondern machen sich auch gut zu pikanten Gerichten, z. B. zu geräuchertem Schinken oder edlen Käsesorten. Darüber hinaus lässt sich ein süß-aromatisches Kompott herstellen. Der berühmte Birnenschnaps »Williams Christ« wird nur aus dieser einen Sorte gebrannt.

Sorten Ebenso wie beim Apfel lohnt es sich auch bei der Birne, nach lokalen Sorten Ausschau zu halten, die an das jeweilige regionale Klima gut angepasst sind. Heute gibt es etwa 2500 Sorten, unter ihnen so altbewährte Varietäten wie die süße und saftige 'Williams Christ', die ebenfalls süß-aromatische 'Gute Luise' und die säuerlich-würzige 'Clapps Liebling', die sich nach wie vor größter Beliebtheit erfreuen. Schon im August ist die 'Frühe von Trévoux' erntereif, 'Madame Verté' mit einem feinen Zimtaroma hingegen erst Ende Oktober. Beide Sorten gedeihen auch in rauerem Klima. Anspruchslos und ebenfalls für kühlere Gegenden geeignet ist die 'Gute Graue', die zwar kleine, dafür ungemein aromatische Früchte hervorbringt. Die von Theodor Fontane in seinem Gedicht »Herr von Ribbeck zu Ribbeck im Havelland« beschriebene Sorte ist die auch heute noch kultivierte 'Römische Schmalzbirne'.

Medizinische Wirkung Birnen enthalten Vitamin C, sind reich an Mineralstoffen und ebenso wie Äpfel an Flavonoiden. Darüber hinaus wirken Birnen entwässernd und regen den Stoffwechsel an. Bereits Hildegard von Bingen empfahl gekochte Birnen gegen »schlechte Säfte im Körper und Migräne«. Die gesundheitsfördernden Stoffe kommen aber ebenso wie beim Apfel am besten zur Wirkung, wenn die Früchte frisch verzehrt werden.

Birnen tragen köstlich süße Früchte. Allerdings ist das Gehölz etwas kälteempfindlich und sollte in geschützter Lage stehen.

*Die leuchtend gelben Quitten-
früchte sind mit einer samtenen
Haut überzogen..*

QUITTE *(Cydonia oblonga)*
Quitten waren schon in der Antike beliebt. Griechen und Römer bezeichneten sie als »kretischen Apfel«, denn sie glaubten, die Insel Kreta sei die Heimat des Rosengewächses. Botaniker haben den Ursprung der kultivierten Quittenbäume inzwischen nach Nordpersien verlegt. Dort wächst der Baum noch wild. Im antiken Griechenland war die Quitte ein Symbol der Liebe und wurde gern bei Hochzeiten verschenkt. Nach Mitteleuropa gelangte sie mit den Römern, erlangte aber nie die Beliebtheit von Äpfeln und Birnen. Und auch wenn die Quitte seit der Rückbesinnung auf alte Obst- und Gemüsearten seit einigen Jahren ein Comeback feiert, ist sie in den Obstgärten nördlich der Alpen immer noch selten zu finden. Das mag damit zusammenhängen, dass das Gehölz etwas frostempfindlicher ist als andere Kernobstgewächse, und auch damit, dass man seine Früchte nicht einfach vom Baum pflücken und verspeisen kann, denn rohe Quitten sind wegen ihres herben Aromas ungenießbar. Sie lassen sich jedoch zu äußerst köstlichen Gerichten verarbeiten.
Im Garten ist ein Quittenbaum eine Zierde, und da er nur eine Höhe von drei bis fünf Metern erreicht, eignet er sich auch für kleinere Gärten. In zartem Rosa scheinen seine Blüten im Frühling an den Zweigen zu schweben. Die im Herbst erscheinenden, weithin leuchtenden gelben Früchte sind mit einer samtenen, leicht pelzigen Haut überzogen und duften nach Zitronen und Rosen. Nach ihrer Form unterscheidet man Apfel- und Birnenquitten. Apfelquitten zeichnen sich dabei durch eher hartes Fruchtfleisch aus, während Birnenquitten weicher und saftiger sind.
Anbau Quitten benötigen Sonne, einen nicht zu schweren Boden und einen geschützten Standort, der nicht zu starken Nachtfrösten ausgesetzt ist. Ansonsten sind sie äußerst anspruchslos und müssen nicht einmal beschnitten werden. Quitten sind selbstbefruchtend, es genügt also, einen einzelnen Baum zu pflanzen.
Ernte Quitten werden ab Ende September bis Oktober geerntet, wenn sich ihre Farbe von Goldgelb zu Zitronengelb verändert. Danach müssen sie bis zur Weiterverarbeitung etwa zwei bis vier Wochen nachreifen.
Verarbeitung Quitten sind nur gekocht genießbar. Sie ergeben überaus köstliche Marmeladen, Gelees und Kompotte sowie Sirup und Saft, und das Quittenmark, die Rückstände der Geleezubereitung, kann zu Quittenbrot verarbeitet werden.
Sorten Es gibt an die 200 Quittensorten. Empfehlenswerte Apfelquitten sind die hellgelbe 'Konstantinopler' und die sehr großfruchtige und weniger frostempfindliche 'Riesenquitte von Leskovac'. Gute Birnenquitten sind die 'Portugiesische Quitte' oder die reich tragende 'Champignon' mit eher kleinen Früchten.
Medizinische Wirkung Hippokrates bezeichnete die Quitte im 4. Jahrhundert als die für Heilzwecke nützlichste Frucht. Quitten wirken entzündungshemmend, kühlend und reizmildernd. Sie enthalten Vitamin C und an Mineralstoffen vor allem Eisen und Kalium sowie sekundäre Pflanzenstoffe wie Quercetin, eines der wirksamsten Flavonoide, das vor Zellschädigungen schützt. Ein Tee aus Quittensamen und auch der Saft aus den Früchten hilft bei Verdauungsbeschwerden.

REZEPT

Quittenschleim heilt Wunden und Verbrennungen

Als altes Hausmittel zur äußerlichen Anwendung bei Wunden, Verbrennungen oder rissiger Haut galt einst der sogenannte Quittenschleim. Diese natürliche Arznei mit dem etwas uncharmanten Namen gab es früher in jeder Apotheke. Heute muss man es schon selbst herstellen, aber das ist ein Kinderspiel. Man setzt dafür unzerkleinerte Quittenkerne und Wasser im Verhältnis eins zu acht an und lässt das Ganze 15 Minuten ziehen. Den entstandenen Schleim kann man dann einfach in Flaschen abfüllen. Im Kühlschrank ist er etwa zwei Wochen haltbar. Quittenkerne lassen sich übrigens gut trocknen und dann bei Bedarf einsetzen. Aber Achtung! Die Quittenkerne dürfen niemals zerkleinert oder zerbissen werden, denn sie enthalten Blausäure, die selbst in geringen Mengen giftig ist.

Frisch vom Baum gepflückt, müssen Quitten nachreifen. Die reifen Früchte duften nach Rosen und Zitronen.

Steinobst

APRIKOSE *(Prunus armeniaca)*
Die Aprikose kennt man in Österreich und Bayern als Marille. Sie wurde in Armenien schon während der Antike kultiviert. Der botanische Name deutet darauf hin, dass dort auch ihre Heimat ist. Ihr Ursprung könnte aber auch in Westasien liegen. Fest steht, dass das wärmeliebende Rosengewächs aus milden Gegenden stammt und bei uns nur in klimatisch begünstigten Regionen wie etwa dem Rhein-Main-Gebiet, der Pfalz oder Baden gedeiht. Um 330 v. Chr. brachte Alexander der Große die Steinfrucht nach Griechenland. Erst mit den Römern gelangte das aromatische, süßsäuerliche Obst mit der samtig behaarten, gelborangefarbenen Schale schließlich in die Regionen nördlich der Alpen.
Anbau Die rosafarbenen Blüten erscheinen sehr früh im Jahr, Ernteausfälle durch verspätete Fröste während der Blüte sind deshalb nicht ungewöhnlich. Man pflanzt Aprikosen am besten an einen sonnigen Platz nahe einer schützenden Mauer, wo man sie auch als Spalierobst erziehen kann. Aprikosen brauchen einen warmen, nährstoffreichen und leichten Boden, der ausreichend feucht sein muss.
Ernte Die Aprikosenernte beginnt hierzulande Anfang August. Die Reife ist gekennzeichnet durch einen Farbwechsel von Grün nach Gelb oder Orange. Nur am Baum ausgereifte Früchte verfügen über ein süßes Aroma. Werden die Früchte zu früh gepflückt, bleiben sie je nach Sorte hart oder werden mehlig.
Verarbeitung Aprikosen lassen sich nicht gut lagern und sollten rasch nach der Ernte verzehrt werden. Die Früchte schmecken frisch, ergeben aber auch köstliche Desserts und Marmeladen, eignen sich als Kuchenbelag und lassen sich vorzüglich trocknen.
Sorten Die frühe, großfruchtige und über 200 Jahre alte Sorte 'Nancy' ist relativ frosthart und regenfest. 'Luizet', auch unter dem Namen 'Walliser Aprikose' bekannt, schmeckt saftig-süß und ist ebenfalls für rauere Lagen geeignet. Robust ist auch die ertragreiche 'Hargrand', die zurzeit als die beste Sorte für den Hausgarten gilt.
Medizinische Wirkung Bereits 200 Gramm Aprikosen decken den Tagesbedarf an Vitamin A. Getrocknete Aprikosen erfüllen das Tagessoll in noch kleineren Mengen. Darüber hinaus enthalten Aprikosen Vitamin C sowie Kalium und Folsäure. Carotinoide senken als sekundärer Pflanzenstoff das Risiko für bestimmte Krebs- und Herz-Kreislauf-Erkrankungen sowie für altersbedingte Augenleiden.

KIRSCHE *(Prunus avium, P. cerasus)*
Die botanischen Namen verraten bereits, dass es zwei Arten gibt, und zwar Süß- und Sauerkirschen. Die botanische Stammform der heutigen Süßkirsche *(Prunus avium)* ist die heimische Vogelkirsche. Die Vorfahren der Sauerkirsche *(Prunus cerasus)* stammen aus Kleinasien, und auch die ersten Kulturformen des Rosengewächses stammen aus dem Gebiet rund um das Schwarze Meer. Von dort aus brachte der römische Feldherr und Feinschmecker Lucullus im Jahre 64 n. Chr. eine bereits veredelte Sorte als kostbare Trophäe nach Rom. In der römischen Kaiserzeit wurde das Steinobst fortan in großem Stil angebaut und veredelt. Durch die Römer kamen die Kirschen schließlich auch nach Mitteleuropa, wo sie zum Teil verwilderten.
Wie die meisten Obstbäume ist auch die Kirsche eine Preziose im Garten. Kein Wunder, dass die Japaner sie so sehr verehren und ihr zu Ehren während der Kirschblüte in jedem Frühling ein eigenes Fest veranstalten. Japanische Züchter haben eine große Anzahl von Zierformen hervorgebracht, die zwei, drei Wochen im Jahr mit einer spektakulären Blütenshow auf sich aufmerksam machen und die auch hierzulande beliebt sind. Dennoch ziehen wir den Baum vor allem wegen der köstlichen Kirschen, die auch sehr gesund sind.
Anbau Süßkirschen benötigen tiefgründigen, lehmhaltigen, aber lockeren Boden. Sie sind nicht selbstbefruchtend und benötigen in der näheren Umgebung eine Befruchtersorte. Sauerkirschen sind dagegen selbstfruchtend, es trägt also auch ein einzelner Baum Früchte. Sie gedeihen in allen Böden. Auf schwerem, nassem Untergrund reagieren beide Arten empfindlich. Die Lage sollte sonnig sein.
Ernte Süßkirschen erntet man im Juni, Sauerkirschen werden im Juli und August reif. Beide Kirschformen werden in der Regel mit Stiel gepflückt, weil sie ansonsten zu viel Saft verlieren und Eintrittspforten für Pilze entstehen. Eine längere Lagerung ist dann nicht mehr möglich. Werden Sauerkirschen sofort verbraucht, empfiehlt sich jedoch das Ernten ohne Stiel, ansonsten kann es leicht zu

Kirschen frisch vom Baum schmecken einfach köstlich. Zusätzlich faszinieren Kirschbäume im Frühjahr mit ihrer Blütenpracht.

REZEPT

Trockenpflaumen – der gesunde Snack

Trockenpflaumen kann man prima selbst herstellen. Beim Trocknen bleiben die wertvollen Mineralstoffe nicht nur erhalten, sie konzentrieren sich sogar. Bei Pflaumen ist das unter anderem Calcium. Laut neuesten Studien können Trockenpflaumen daher der Osteoporose vorbeugen. Zudem steigt der Energiegehalt beim Trocknen um das Vier- bis Fünffache im Vergleich zum Frischobst an, weswegen Trockenpflaumen ein gesunder, wenngleich auch nicht gerade kalorienarmer Snack sind. Zum Trocknen legt man zuvor entsteinte Zwetschen mehrere Tage an einen warmen, luftigen, geschützten Platz. Wenn es draußen feucht und kühl ist, kann man die Früchte auch im Haus trocknen. Dafür bieten sich ein warmer Dachboden oder ein Ort in der Nähe eines Ofens oder einer Heizung an. Schon nach kurzer Zeit beginnen die Früchte zu schrumpeln. Das Trocknen kann mehrere Tage dauern, sollte aber fünf Tage nicht überschreiten, weil sonst die Qualität der Früchte leidet. Gegebenenfalls trocknet man sie im Backofen behutsam nach oder verwendet ein Dörrgerät.

Verletzungen an den Knospen kommen, die direkt am Stielansatz sitzen.

Verarbeitung Süßkirschen sind die eigentlichen Tafelkirschen und werden in der Regel frisch verzehrt. Da der Säuregehalt der Sauerkirsche ungefähr doppelt so hoch ist wie der der Süßkirsche, wird sie als Frischobst kaum genutzt, sondern zu Säften, Marmeladen, Gelees und nicht zuletzt zu Kirschwasser verarbeitet.

Sorten Zu den bekanntesten Süßkirschensorten zählen die 'Große Schwarze Knorpelkirsche', die bereits 1540 in Paris beschrieben wurde. Eine der in Deutschland am stärksten verbreiteten Süßkirschen ist die sehr ertragreiche Sorte 'Hedelfinger'. Sehr große und besonders aromatische Früchte bringt 'Schneiders Späte' hervor. Die bekannteste und beliebteste Sauerkirsche ist die 'Schattenmorelle'. Sie wurde bereits zu Anfang des 18. Jahrhunderts in Deutschland angebaut und ist völlig unkompliziert. Eine ebenfalls populäre hellrote, früh reifende Sorte ist 'Ludwigs Frühe'.

Medizinische Wirkung Süßkirschen enthalten reichlich Kalium, Sauerkirschen dagegen mehr Eisen. Beide besitzen viel Vitamin C, E und B_3 sowie Flavonoide.

PFLAUME *(Prunus domestica)*

Pflaumen stammen ursprünglich aus Kleinasien und wurden bereits im 7. Jahrhundert v. Chr. in Griechenland angebaut. Von dort gelangte die Frucht zu den Römern, die sie wiederum nach Mitteleuropa brachten. Aber schon in der Antike war das Rosengewächs Objekt zahlreicher Züchtungsversuche, was sich bis heute kaum geändert hat. Die Vielfalt an Arten und Sorten ist fast unüberschaubar, und da sie sich gerne untereinander kreuzen, auch recht verwirrend. Man schätzt, dass es inzwischen über 2000 Sorten gibt, wobei man zwischen Rund- und Eierpflaumen, Zwetschen, Renekloden und Mirabellen unterscheidet. Dazu kommen die japanische Pflaume und die Kirschpflaume. Aber ganz gleich, ob die Früchte gelb, rot oder violett sind – sie alle fördern unsere Gesundheit.

Anbau Dabei gehören Pflaumen zu den anspruchslosesten Obstgehölzen, die auch unter weniger guten Bedingungen ganz gut zurechtkommen. Ideal sind nicht allzu schwere, humusreiche und eher feuchte Böden in sonniger Lage.

Ernte Pflaumen werden je nach Sorte von August bis Oktober geerntet.

Verarbeitung Da sich Pflaumen nicht gut lagern lassen, werden sie in der Regel direkt nach der Ernte verzehrt oder zu Kuchen, Konfitüren und Mus verarbeitet. Lediglich Zwetschen halten sich im Kühlschrank einige Tage lang. Dafür darf der wachsartige weiße Film auf den Früchten jedoch nicht abgewaschen werden, denn er erhält die Feuchtigkeit. Vor allem Zwetschen eignen sich aber auch vorzüglich zum Trocknen.

Sorten 'Kirkes Pflaume' hat süß-aromatisches, gelbgrünes Fruchtfleisch, das sich gut vom Stein löst. 'The Czar' zählt zu den frühen Sorten, deren Früchte nicht gleichzeitig reifen, sondern nach und nach geerntet werden. Die klassische 'Hauszwetsche' ist seit Langem eine der beliebtesten Sorten und wird bereits seit dem 17. Jahrhundert in Deutschland angebaut. Sie ist allerdings anfällig für das berüchtigte Scharkavirus, bei dem die Früchte vorzeitig vom Baum abfallen.

Die Minizwetsche 'Jojo' ist scharkaresistent und auch für kleinere Gärten geeignet. 'Katinka' ist eine ebenfalls robuste und wenig krankheitsanfällige Zwetsche mit besonders festem Fruchtfleisch, das sich gut vom Stein löst. 'Anna Späth' ist eine der letzten Zwetschen im Jahr und reift von September bis Oktober.

Medizinische Wirkung Pflaumen enthalten viele Vitamine, Mineralstoffe und als sekundären Pflanzenstoff Flavonoide. Darüber hinaus helfen Pflaumen bei Verdauungsproblemen.

In der Antike wurde vor allem das Harz des Pflaumenbaumes als Heilmittel betrachtet. In Wein aufgelöst verabreichten es die Ärzte im griechischen Altertum bei Nieren- und Blasenleiden.

Pflaumen lassen sich schlecht lagern und sollten deshalb nach der Ernte schnell verzehrt oder verarbeitet werden.

Verschiedene Rosenarten bringen neben hübschen Blüten auch Hagebutten hervor, die vielseitig verarbeitet werden können.

Vögel schätzen die Beeren der Eberesche, weshalb der Baum auch als Vogelbeere bekannt ist.

Wildobstgehölze

EBERESCHE *(Sorbus aucuparia)*

»Wenn ich ein Stückchen Land besäße, ich würde mir ein kleines Wäldchen von Ebereschen pflanzen. Ein einziger der glühenden Bäume könnte schon das Glück eines Spätsommers ausmachen und verklären«, schrieb einst die Dichterin Else Lasker-Schüler. Die Eberesche ist ein anmutiger, in ganz Nord- und Mitteleuropa heimischer Baum, der im Frühjahr mit filigranem hellgrünem Laub, im Sommer mit großen weißen Doldenblüten und im Herbst mit korallenroten Früchten aufwartet.

Der üppige Beerenschmuck des Rosengewächses lockt Vögel in Scharen an und hat dem Baum den Namen Vogelbeere eingebracht.

Hartnäckig hält sich die Mär von der Giftigkeit der Ebereschenfrüchte. Der Genuss frischer Beeren kann zwar durchaus zu Durchfall oder Erbrechen führen, nur käme vermutlich kaum jemandem in den Sinn, die bitter schmeckenden und adstringierenden Früchte in größeren Mengen frisch zu verzehren.

Beim Kochen wird die für den herben Geschmack zuständige Parasorbinsäure zerstört, und andere Wirkstoffe treten in den Vordergrund. Nach dem Kochen sind die Früchte dann genießbar und verträglich.

Anbau Wegen ihres relativ zierlichen Wuchses eignet sich die Eberesche auch für Hausgärten. Sie wächst zunächst relativ schnell und erst nach einigen Jahren langsamer. Sie ist überdies an Anspruchslosigkeit kaum zu überbieten und gedeiht nahezu auf jedem Boden. Allerdings ist die letztendliche Höhe auch abhängig von den Standortbedingungen. Beim Kauf eines Baumes sollte man sich deshalb unbedingt beraten lassen.

Ernte Die Früchte werden erst nach den ersten Herbstfrösten geerntet, weil sie dann weniger bitter sind.

Verarbeitung Vogelbeeren lassen sich zu Marmeladen, Gelees und Sirup verarbeiten. Dafür müssen die Beeren von den Dolden gezupft und weich gekocht werden.

Sorten Die Früchte der Süßen Mährischen Vogelbeere *(Sorbus aucuparia* subsp. *moravica)* sind von süßsäuerlichem Geschmack, da sie weniger Bitterstoffe enthalten. Sie wurden früher auch als »Zitrone des Nordens« bezeichnet. Die Sorte 'Fastigiata' wächst säulenförmig, und *Sorbus aucuparia* 'Pendula' ist eine Trauerform mit hängenden Zweigen.

Medizinische Wirkung Die Beeren der Eberesche enthalten reichlich Vitamin C, Mineralstoffe und Carotinoide. Vor allem die Früchte der Mährischen Eberesche wurden in früheren Zeiten zur Steigerung der Abwehr gegen Erkältungs- und Atemwegserkrankungen eingesetzt.

REZEPT

Ebereschenessig

Zutaten für 750 ml:

250 g Ebereschen
Schale einer halben ungespritzten Orange
700 ml Weißweinessig

Ebereschen waschen und in einem verschließbaren Gefäß zerdrücken. Den Essig in einem Topf leicht erwärmen und über die Früchte geben. Die Orangenschale dazugeben. Das Gefäß gut verschließen und den Essig mindestens zehn Tage ziehen lassen, dann die Früchte abseihen. Kühl gelagert hält sich der Essig mehrere Wochen.

HEIDELBEERE *(Vaccinium sp.)*

Die Heidelbeere ist auch unter dem Namen Wald- oder Blaubeere bekannt und stammt aus der Familie der Heidekrautgewächse, was schon eine gewisse Vorliebe der Pflanze für saure Böden erkennen lässt. Sie ist auf der gesamten Nordhalbkugel zu Hause und dort vor allem in Moor- und Heidelandschaften sowie lichten Laub- und Mischwäldern anzutreffen. In früherer Zeit zogen Kinder im Sommer mit Eimern los, um die blauen Beeren des kleinen Halbstrauchs zu ernten. Wenn dann Naschkatzen am Werke waren, ließen sie sich leicht an den von den Früchten blau gefärbten Mündern erkennen.

Auch heute noch wachsen Heidelbeeren wild in unseren Wäldern, Beeren mit wunderbarem Aroma und vielen heilsamen Wirkstoffen. Da die Beeren jedoch klein sind und ihre Ernte mühsam ist, gibt es seit geraumer Zeit Kultursorten, die nicht aus unserer heimischen Art *(Vaccinium myrtillus)*, sondern aus der nordamerikanischen Wildform *(Vaccinium corymbosum)* hervorgegangen sind. Im Gegensatz zu der heimischen Varietät haben die Zuchtformen helles Fruchtfleisch, dessen Saft nicht färbt. Der typische süßsäuerliche Geschmack und das intensive Waldaroma sind bei den Kultursorten erwartungsgemäß weniger ausgeprägt, und auch der Gehalt an gesunden Inhaltsstoffen ist bei der hier beheimateten Wildform höher.

Anbau Es lohnt sich, einige Heidelbeersträucher im eigenen Garten zu kultivieren, zumal die Pflanze mit ihren hübschen weißen oder rosafarbenen Blüten, den dunklen, wie bereift wirkenden Früchten und der feuerroten Herbstfärbung der Blätter fast das ganze Jahr über einen attraktiven Anblick bietet. Voraussetzung ist ein lockerer humoser und saurer

REZEPT

Heidelbeertee gegen Durchfall

Zutaten für 1 Tasse Tee:

1 EL getrocknete Heidelbeeren
250 ml Wasser

Die Heidelbeeren mit dem Wasser aufkochen und etwa zehn Minuten leicht köcheln lassen. Anschließend die Beeren abseihen und den Tee trinken. Am besten wirkt der Tee, wenn Sie zwei bis drei Tassen täglich zu sich nehmen.

Boden, der nicht überall vorhanden ist. Alternativ kann man die Sträucher in Töpfe setzen und spezielle Erde für Moorbeetpflanzen verwenden. Heidelbeeren vertragen leichten Schatten.

Ernte Die Blätter der Pflanze werden vor dem Reifen der Beeren, also von Juni bis Juli gesammelt, die Früchte je nach Sorte von Anfang Juli bis Ende August.

Verarbeitung Heidelbeeren sollten rasch verarbeitet werden. Zur Konservierung eignet sich am besten das Einfrieren. Im Kühlschrank halten sie sich nur wenige Tage lang. Die Früchte sind vielseitig einsetzbar. Aromatische Desserts, Kompotte, Konfitüren und Säfte schmecken ebenso köstlich wie Heidelbeerpfannkuchen.

Sorten Die Sorte 'Bluecrop' trägt hellblaue, große Beeren. Die Beeren von 'Sunshine Blue' haben helles, sehr süßes Fruchtfleisch. Darüber hinaus punktet die Sorte mit immergrünem Laub und pinkfarbenen Blüten. 'Berkeley' ist eine bewährte, ertragreiche Sorte mit sehr großen Früchten.

Medizinische Wirkung Die getrockneten Blätter der Heidelbeere ergeben einen Tee, der in der Volksmedizin als ein probates Mittel gegen Durchfall eingesetzt wird. Er gilt darüber hinaus als antibakteriell und entzündungshemmend.

Die Beeren enthalten die Vitamine A und C, Mineralstoffe sowie Flavonoide. Inzwischen ist auch nachgewiesen, dass Heidelbeeren einen von keiner anderen handelsüblichen Frucht erreichten Gehalt an Anthocyan aufweisen. Dieser sekundäre Pflanzenstoff ist ein Farbstoff, der in der Wildheidelbeere stärker vorkommt, aber auch in den Kulturformen noch reichlich vertreten ist. Anthocyan schützt die Blutgefäße und beugt Herz-Kreislauf-Erkrankungen und bestimmten Krebserkrankungen vor.

REZEPT

Holunderbeersaft gegen Grippe

Zutaten für ca. 2,5 l:

2 kg Holunderbeeren
Schale einer unbehandelten Zitrone
200 g brauner Zucker

Für einen heilsamen Saft, der gegen Erkältungskrankheiten und Grippe eingesetzt wird, spült man die Holunderbeeren ab und zupft sie mit einer Gabel von den Dolden. Dabei am besten mit Küchenhandschuhen arbeiten und die Kleidung und empfindliche Arbeitsflächen schützen, denn die Früchte färben stark. Die Zitronenschale abreiben und zu den Beeren geben. Die Beeren in einen großen Topf geben, etwa 750 Milliliter Wasser hinzugeben und aufkochen, bis die Beeren geplatzt sind. Nach dem Abkühlen den Saft durch ein Mulltuch gießen und gut abtropfen lassen. Zucker dazugeben, nochmals aufkochen und sofort in saubere Flaschen mit Schraubverschluss füllen. Der Saft hält sich fest verschlossen und kühl gelagert mehrere Monate.

HOLUNDER *(Sambucus nigra)*

Holunder- oder Fliederbeersträucher sind in ganz Europa heimisch. Jahrhundertelang wurde das Geißblattgewächs in Bauerngärten kultiviert. Es war der germanischen Göttin Holla geweiht, die Pflanzen und Tiere beschützte und die Menschen vor Krankheiten bewahrte. Sie ist auch als Frau Holle aus dem gleichnamigen Märchen der Brüder Grimm bekannt. Man pflanzte den Holunder gern zum Schutz vor bösen Geistern und vor Blitzschlag in die Nähe des Hauses, und noch im 18. Jahrhundert scheuten sich die Menschen, einen Holunderbusch zu fällen, weil man glaubte, unweigerlich von einer Krankheit befallen zu werden. Dabei ist der Holunder kein anmutiges Gehölz. Seine Äste sind krumm und schrundig, und nur wenn er im Frühsommer seine cremeweißen Blütendolden zeigt, strahlt er einen gewissen Charme aus. Gut aufgehoben ist er daher am Rande eines Grundstücks oder in einer gemischten Hecke. Dass die Menschen einen Holunderbusch stets gern in ihrer Nähe wussten, mag auch mit seinen Inhaltsstoffen zusammenhängen. Holunder galt zu früheren Zeiten als eine Art »Hausapotheke«.

Holunderbeeren sind reich an Vitaminen und lassen sich zu Saft oder Sirup verarbeiten.

Anbau Holunder ist anspruchslos, gedeiht aber besonders gut in feuchten, durchlässigen, nährstoffreichen Böden in sonnigen bis halbschattigen Lagen. Die Blüten sind eine gute Bienenweide, und der Strauch dient Vögeln als Nistplatz und zur Nahrung.

Ernte Die intensiv duftenden Doldenblüten des Holunders erscheinen von Mai bis Juni, die kleinen kugeligen Beeren ab August.

Verarbeitung Kulinarische Berühmtheit erlangten die Blüten in Form von Holunderküchlein. Dafür zieht man die weißen Dolden durch Backteig und serviert sie frittiert nach Gusto mit einer süßen Soße.

Die Beeren lassen sich nicht lagern und müssen sofort nach der Ernte verarbeitet werden. Sie können zu Saft, Marmelade, Mus, Kompott und Likör sowie zur, vor allem in Norddeutschland berühmten, Fliederbeersuppe verarbeitet werden. Rohe Beeren dürfen nicht verzehrt werden, denn sie enthalten Sambunigrin, das Erbrechen und Durchfall hervorrufen kann.

Sorten Die rotlaubige Variante unseres heimischen Holunders heißt 'Black Beauty'. Diese englische Züchtung, die erst vor wenigen Jahren auf den Markt kam, blüht rosafarben. Die Sorte 'Laciniata' hat geschlitzte Blätter in dunklem Grün, 'Madonna' hat gelbgrünes Laub.

Medizinische Wirkung Aus den getrockneten weißen Doldenblüten des Holunders wird ein Tee zubereitet, der eine stark schweißtreibende Wirkung entfaltet und bei Fieber und Erkältungskrankheiten Wunder wirkt. Schon Hippokrates empfahl ihn vor 2500 Jahren als Frühjahrskur. Die Früchte des Holunders sind reich an Vitamin A, B und C sowie Flavonoiden. Ein Saft aus den Beeren wird seit jeher bei der Behandlung grippaler Infekte eingesetzt. Blätter wurden früher auf Schnittwunden gelegt, um Entzündungen zu vermeiden.

REZEPT

Holundersirup

Zutaten für etwa 1,5 l:

etwa 25 Holunderblütendolden
3 Liter Wasser
2 kg Zucker
Saft von 3 unbehandelten Zitronen
1 Packung Zitronensäure (ca. 50 g)

Die Dolden von Insekten befreien, die Blütenstängel abschneiden und in eine große Schüssel geben. In einem großen Topf das Wasser mit dem Zucker aufkochen, bis sich dieser vollständig gelöst hat. Die Zitronensäure hinzugeben und gut verrühren. Dann den Topf vom Herd nehmen und die Holunderblüten hineingeben. Mehrmals umrühren und etwa fünf Tage zugedeckt ziehen lassen. Die Blüten abseihen und den Sirup noch einmal aufkochen. In verschließbare Flaschen abgefüllt, hält er sich etwa ein Jahr.

Erst nach den ersten Frösten können die herb schmeckenden Früchte verzehrt werden.

SCHLEHE *(Prunus spinosa)*
Schon lange vor dem Blattaustrieb öffnet die Schlehe ab Ende März ihre weißen Blüten, die einen leichten Mandelduft verströmen und zu dieser frühen Zeit im Jahr eine begehrte Bienenweide sind.

Die Schlehe wird auch Schwarzdorn genannt und ist in ganz Europa verbreitet. Im Garten ist sie wegen ihres undurchdringlichen, stacheligen Zweiggewirrs vor allem ein wertvolles Vogelschutzgehölz, denn kleine Vögel können zwischen den Zweigen des Rosengewächses ungestört brüten. Allein 20 verschiedene Vogelarten, darunter der seltene Neuntöter sowie Meisen und Grasmücken, ernähren sich von den Früchten, und auch für die Raupen von etwa 50 verschiedenen Schmetterlingsarten ist die Schlehe Kinderstube und Futterpflanze gleichermaßen.

Die Schlehe ist schon lange Begleiterin der Menschen. Ihre Kerne fand man in den Pfahlbauten aus der Jungsteinzeit. Sie umzäunte Weiden und Gehöfte, und ihre Früchte wurden zu Nahrungsmitteln verarbeitet.

Anbau Wie alle Rosengewächse lieben Schlehen einen sonnigen Standort sowie einen nährstoffreichen, lockeren Boden, sie kommen aber auch auf weniger optimalem Grund zurecht.

Ernte Die runden blau bereiften Früchte der Schlehe schmecken äußerst herb. Sie werden grundsätzlich erst nach den ersten Frösten genießbar.

Medizinische Wirkung Die Früchte der Schlehe enthalten viel Vitamin C und Mineralstoffe. Ein Tee aus den Blüten der Pflanze wirkt leicht abführend und stärkt zugleich den Magen. Darüber hinaus regt er den Stoffwechsel an und hilft bei Blasen- und Nierensteinen. Ein Sirup aus den dunkelblauen Beeren wird als Stärkungsmittel geschätzt.

REZEPT

Schlehensirup

Zutaten:

1 kg Schlehen
375 g Zucker
1 Prise Nelkenpulver
½ TL Zimt

Schlehen waschen, in eine Schüssel geben und so viel kochendes Wasser daraufgießen, dass die Beeren vollständig bedeckt sind. Einen Tag ziehen lassen, dann den Saft in einen Topf gießen, einmal aufkochen und wieder zu den Schlehen geben. Das Ganze an den beiden darauffolgenden Tagen wiederholen. Anschließend den Saft durch ein Mulltuch filtern und mit dem Zucker und den Gewürzen so lange kochen, bis sich der Zucker gelöst hat. Sofort in verschließbare Flaschen abfüllen.

Schlehen sind ein wertvolles Vogelschutzgehölz sowie Kinderstube und Futterpflanze für mehrere Dutzend Schmetterlingsarten.

Verarbeitung Schlehen müssen direkt nach der Ernte verarbeitet werden, weil sie rasch verderben. Man kann aus ihnen Marmelade, Gelee, Saft und Likör zubereiten. Schlehensamen enthalten Blausäureglykoside, die dem Schlehenlikör seine charakteristische Bittermandelnote verleihen. Der Anteil der Samen sollte jedoch unter fünf Prozent liegen.

Sorten 'Nittel' und 'Merzig' entwickeln besonders große Früchte, die neue Sorte 'Wienerwald' hat darüber hinaus weniger Dornen.

WILDROSE *(Rosa sp.)*

Königin der Wildobstgehölze ist sicher die Wildrose. Kein anderer Strauch hat eine so breite Palette an unterschiedlichen Fruchtformen und -farben, den sogenannten Hagebutten, zu bieten. Sie sind scharlachrot, grasgrün oder schwarz, eiförmig, kugelig oder länglich. Abgesehen von den stark gefüllten und sterilen Formen bilden auch unsere kultivierten Gartenrosen Hagebutten. Bei den öfter blühenden Sorten sind sie oft nur deshalb nicht zu sehen, weil wir Verblühtes üblicherweise immer gleich abschneiden, um den nächsten Flor anzuregen. Die meisten Wildrosen blühen nur einmal und werden in der Regel nicht zurückgeschnitten. Manche von ihnen sind eingewandert, in ganz Europa heimisch ist dagegen die Hundsrose oder Apothekerrose, botanisch *Rosa canina.* Sie hat kaum etwas gemein mit den langstieligen Diven oder den gerüschten Schönheiten, die die Rosenzucht der vergangenen Jahrhunderte hervorgebracht hat. Die Hundsrose passt besser in eine gemischte Hecke statt als Solitär zu brillieren. Ihre einfachen, rosafarbenen Blüten erscheinen von Juni bis August und duften verlockend nach Himbeeren. Später im Jahr bilden sich dann die ovalen, scharlachroten Früchte.

Auch andere Wildrosen fallen oft nicht gleich auf den ersten Blick ins Auge. Eher kleinblütig und dezent getönt erschließt sich ihre schlichte Schönheit erst bei näherem Hinsehen. Dafür punkten sie später im Jahr noch einmal mit ihren weithin leuchtenden Früchten. Weitere Vorteile der schönen Wilden gegenüber ihren kultivierten Schwestern sind ihre Anspruchslosigkeit und Pflegeleichtigkeit. Sie benötigen keinen Dünger und werden auch selten von Schädlingen befallen. Und auch geschnitten werden sie nur, wenn sie allzu üppig werden.

Anbau Optimaler Standort ist ein sandiger, durchlässiger Lehmboden in sonniger Lage.
Ernte Hagebutten werden am besten im Oktober geerntet, dann sind sie besonders süß. Nur die Früchte der Hundsrose und die der Kartoffelrose kann man bereits im August pflücken. Blüten werden im Sommer gesammelt.
Verarbeitung Man kann Hagebutten roh essen, im Allgemeinen werden sie gekocht. In jedem Fall muss man vorher die haarigen Samen (bei Kindern ein beliebtes »Juckpulver«) aus ihrem Inneren entfernen. Dann werden sie klein geschnitten und zu Saft, Kompott oder Marmelade verarbeitet. Rosenblüten aromatisieren Wein, Tee, Desserts oder Salate.
Sorten Leuchtend rot und flaschenförmig sind die Hagebutten der Mandarinrose *(Rosa moyesii)*, deren Blüten mit einem samtigen Karminrot aufwarten. Die Früchte der Igelrose *(Rosa roxburghii)* sind dagegen grasgrün und stachelig, ihre Blüten leuchtend rosafarben mit cremegelben Staubgefäßen. Die Bibernellrose *(Rosa spinosissima)* bringt leicht flach gedrückte kugelförmige, glänzend schwarze Früchte und weiße Schalenblüten hervor. Die größten Hagebutten hat die Kartoffelrose *(Rosa rugosa)*. Die Vitalität und der intensive Duft der rosafarbenen oder weißen Blüten haben diese ursprünglich aus Asien stammende Art zur beliebtesten Wildrose für Parks und Gärten gemacht. Selbst in Küstengebieten mit sandigem Boden gedeiht sie prächtig und blüht als eine der wenigen Wildrosen unermüdlich von Juni bis September.
Medizinische Wirkung Die Hagebutten der Rose, vor allem der Kartoffelrose, enthalten mehr Vitamin C als Zitronen, daneben aber auch die Vitamine A, B_1 und B_2 sowie Mineralstoffe und Carotinoide. Ein Tee aus getrockneten Hagebutten hilft bei Nierenleiden. Aber nicht allein die Früchte, auch die Blüten der Rose sind essbar. Sie enthalten ätherische Öle und Flavonoide.

REZEPT

Hagebuttentee selbst machen

Hagebutten waschen, Stiel und Blütenreste entfernen. Hagebutten halbieren, die Kerne mit einem spitzen Messer auskratzen und die Früchte dann grob zerkleinern. Auf einem Backblech bei 40 °C im Backofen oder im Dörrgerät trocknen. In einem luftdicht verschlossenen Gefäß aufbewahren. Pro Tasse ein bis zwei Teelöffel Hagebutten mit kochendem Wasser aufgießen, zehn Minuten ziehen lassen und abseihen.

Hagebutten sind wahre Vitaminbomben und lassen sich zu Marmelade, Saft oder Kompott verarbeiten.

Schalenobst –
Gesundheit zum Nulltarif

Haselnuss und Walnuss sind äußerst beliebt, vor allem auch seitdem die vielen gesunden Inhaltsstoffe bekannt sind. Die Nüsse können in der Natur gesammelt werden, es gibt aber auch Sorten für den Garten.

Nüsse

HASELNUSS *(Corylus avellana)*
Wer jemals eine Haselnuss frisch vom Strauch gegessen hat, ist für die übliche Supermarktware verloren, denn die ganzjährig in den Auslagen liegenden Haselnüsse sind nach einigen Monaten in der Regel trocken und schmecken fad. Grund genug, dem Birkengewächs einen Platz im Garten zu gewähren. Ohnehin hat der in ganz Europa heimische Strauch den Menschen seit jeher begleitet. Bei Ausgrabungen fand man Haselnüsse in Häusern und Gräbern aus der Jungsteinzeit. Früher durfte er zusammen mit dem Holunder in keinem Bauerngarten fehlen. Die Nüsse sind nahrhaft und haben einen hohen Eiweiß- und Ölgehalt. Die biegsamen Äste werden seit Tausenden von Jahren als Wünschelrute verwendet, mit denen die Rutengänger nach Wasseradern in der Erde suchen. Im Volksglauben wurde dem Strauch zudem eine blitzabwehrende Kraft zugesprochen. In vorchristlicher Zeit war die Haselnuss ein Symbol der Fruchtbarkeit und der sexuellen Kraft. Im Zuge der Christianisierung galt sie dann über lange Zeit hinweg als Sinnbild für Untreue und Wollust. Nur in Märchen, Mythen und Liedern kam die alte Symbolik noch zum Ausdruck.

Anbau Wie alle Birkengewächse liebt die Haselnuss feuchte Böden, ist aber ansonsten sehr anspruchslos. Im Garten macht sie sich gut am Gehölzrand. Am selben Strauch wachsen männliche und weibliche Blüten. Die männlichen Kätzchen gehören zu den ersten Frühlingsboten und erscheinen schon Ende Februar. Die weiblichen Blüten sind unscheinbar und sitzen in den Blattachsen. Da Haselnusssträucher sich nicht selbst befruchten, werden die Pollen der Kätzchen durch den Wind verbreitet. Damit es viele Nüsse gibt, braucht der Strauch also in unmittelbarer Nähe einen Partner.

Ernte Erntezeit ist je nach Sorte von August bis Oktober. Die Nüsse sind reif, sobald sich die zunächst grüne Schale braun färbt. Da die Früchte sich selten von allein vom Strauch lösen, muss man die Zweige schütteln oder die Nüsse pflücken.

Verarbeitung Nach der Ernte lässt man die Nüsse an einem luftigen Ort trocknen. Lagert man sie anschließend bei einer Temperatur zwischen -3 bis 0 °C, halten sie sich bis zu zwölf Monaten. Haselnüsse sind eine gesunde Knabberei und verfeinern Müsli und Salate. Darüber hinaus kann man leckere Kuchen mit ihnen backen.

Sorten Die 'Rotblättrige Zellernuss' treibt im Frühling dunkelrot aus. Die Blätter werden dann im Laufe des Jahres dunkelbraun. Besonders große Früchte bringen die Sorten 'Hallesche Riesen' und 'Wunder aus Bollweiler' hervor. Eine schwachwüchsige Form ist die gelb austreibende Sorte 'Aurea'.

Medizinische Wirkung Aufgrund ihres hohen Eiweiß- und Fettgehalts haben Haselnüsse einen hohen Nährwert und sind dabei leichter verdaulich als andere Nüsse. Mehrfach ungesättigte Fettsäuren beugen Herz- und Kreislauferkrankungen vor. Zudem enthalten Haselnüsse reichlich Vitamin B und E, Lecithin, Folsäure und viele Mineralien wie Eisen, Phosphor, Kalium und Magnesium sowie Ballaststoffe. Der sekundäre Pflanzenstoff Phytosterin hilft den Cholesterinspiegel im Blut zu senken. Ein Tee aus Blättern und Rinde wirkt fiebersenkend, gefäßverengend, blutstillend und schweißtreibend.

Die Kätzchen der Haselnuss gehören zu den ersten Frühlingsboten und sind eine wertvolle Bienenweide.

Walnüsse sind die köstlichsten aller Nüsse und darüber hinaus kleine Kraftpakete, die unter anderem die Denk- und Konzentrationsleistung fördern!

In Essig und Gewürzen eingelegte grüne Walnüsse schmecken gut zu dunklem Fleisch und Wildgerichten.

WALNUSS *(Juglans regia)*
Die ursprüngliche Heimat des Walnussbaumes ist Mittelasien. Durch die Griechen lernten die Römer das Gehölz kennen und kultivierten es in ihren Gärten. Mit den Römern kam die Walnuss dann nach Gallien und schließlich auch nach Deutschland, wo sie den Namen Walchbaum bekam. Die Walchen, das waren für die Germanen die Bewohner Galliens, und aus Walchbaum wurde später der Walnussbaum.

Da der Walnussbaum ursprünglich aus südlicheren Gefilden stammt, erklärt sich seine relative Kälteempfindlichkeit. Wenn die eher unscheinbaren Blüten im April oder Mai noch von den letzten Spätfrösten erwischt werden, ist es um die Nussernte geschehen. Aber trotz dieses Handicaps und obwohl er mit seinem stämmigen Wuchs, dem späten Austrieb, den unscheinbaren Blüten und dem frühen Laubfall keine wirkliche Attraktion darstellt, finden wir es in der Regel wunderbar, einen Walnussbaum im Garten zu haben. Denn Tatsache ist: Er trägt einfach die besten aller Nüsse. Mit seiner ausladenden Krone kommt er als Solitär am besten zur Geltung. Auf diese Weise präsentiert, waren Walnussbäume früher nur für sehr große Gärten geeignet. Inzwischen haben Züchter kleinere Sorten hervorgebracht, die auch früher Früchte tragen als die Urform.

Ernte Walnussbäume beginnen erst ab einem Alter von zehn bis zwanzig Jahren Früchte zu tragen. Wirklich gute Erträge werden erst ab dem vierten Jahrzehnt erzielt. Wird der Baum sehr alt, gehen die Erträge dann auch wieder zurück. Erntezeit ist von September bis Oktober. Man sollte die Nüsse nicht abschütteln, sondern vom Baum fallen lassen und dann auflesen.

Verarbeitung Nach dem Auflesen werden die grünen Hüllen entfernt und die Nüsse mit einer Bürste gereinigt. Anschließend werden sie zum Trocknen an einen luftigen, nicht zu warmen Ort gelegt. Die Nüsse sollten zügig trocknen, sonst werden die Kerne schwarz, oder sie sind mit einer Schimmelpilzschicht überzogen. Walnüsse ergeben pur eine gesunde Knabberei. Man kann sie zu Salaten und zum Dessert geben und auch köstliche Torten backen.

Sorten Die 'Geisenheimer Walnuss' ist eine kleinkronige, mittelgroße Sorte, die wegen des späten Austriebs nicht frostgefährdet ist. Die 'Kurmarker Walnuss' und die 'Spreewalder Walnuss' sind ebenfalls mittelgroße und dazu sehr winterharte Sorten.

Medizinische Wirkung Die wichtigsten Wirkstoffe der Nuss sind ätherische Öle und Flavonoide. Regelmäßiger Verzehr hält die Blutgefäße elastisch und beugt Arteriosklerose vor. Omega-3-Fettsäuren, pflanzliches Eiweiß, Lecithin, Eisen, B-Vitamine, Magnesium und Polyphenol als weiterer sekundärer Pflanzenstoff beugen Herzerkrankungen vor, schützen die Gefäße und fördern Denk- und Konzentrationsleistung. Walnussblättertee hilft bei Ekzemen, Hautausschlägen und Akne und regt Leber, Blase, Niere und Darm an.

REZEPT

Walnussblättertee

Zutaten für 1 Tasse:

2 TL geschnittene Walnussblätter (frisch oder getrocknet)
250 ml Wasser

Der Tee hilft bei Gallenleiden und äußerlich angewendet auch bei Hautausschlägen und Akne. Die Blätter mit dem kalten Wasser in einen Topf geben und aufkochen. Fünf Minuten köcheln lassen, dann abseihen.

Gemüse – Vielfalt pur

Ob im Topf, im Kasten, im Hochbeet oder im Garten – Gemüse kann überall angebaut werden. Die Vielfalt an Arten und Sorten hält für jeden Geschmack etwas bereit, und der Anbau ist denkbar einfach.

Gemüse zum Essen und zur Zierde

Rotstieliger Mangold mit seinen tiefgrünen, bronzefarben angehauchten Blättern gehört zu den dekorativsten Gemüsearten überhaupt und macht im Beet jeder Prachtstaude Konkurrenz. Dabei lässt er sich problemlos kultivieren.

Gemüse ist gesund, und inzwischen ist es auch wieder modern, Tomaten, Salat und Kürbis im eigenen Garten selbst zu kultivieren. Dabei wird das Gemüse heute nicht mehr in einem Winkel des Gartens versteckt, sondern selbstbewusst hergezeigt. Denn schließlich, so erkennen wir mittlerweile, haben die uns nährenden Pflanzen auch einen überaus zierenden Wert. Das feine Laub der Möhren eignet sich bestens als grüne Bordüre, Rotkohl ist ein optischer Ruhepunkt im Beet und die vielfarbige Mangoldsorte 'Bright Lights' sowohl in der Rabatte wie im Topf ein wahrer Hingucker.
Als Vorbild für den dekorativen Gemüsegarten gilt nach wie vor die Anlage des französischen Schlosses Villandry im Loire-Tal. In diesem einzigartigen, kunstvoll angelegten »Jardin potager«, der zu Beginn des 20. Jahrhunderts im Renaissancestil rekonstruiert wurde und jedes Jahr neu bepflanzt wird, werden Gemüsepflanzen wie kostbare Blumen präsentiert. Niedrige Buchsbaumhecken und raffiniert aufgeteilte Beete heben die ornamentalen Eigenschaften von Kohlköpfen und Porree, von Salat und Rote Bete hervor und rücken die optischen Reize der verschiedenen Blattformen und -farben in den Mittelpunkt.
In so großem Stil kann heute kaum jemand mehr gärtnern. Der Engländerin Rosemary Verey gebührt das Verdienst, den Potager von Villandry in geradezu virtuoser Weise auf die Größe eines Hausgartens übertragen zu haben. Bei ihrem Heim in Barnsley House in der Grafschaft Gloucestershire schuf die berühmte Gartengestalterin in den Achtzigerjahren des vergangenen Jahrhunderts auf durchaus überschaubarem Grund einen dekorativen Küchengarten, der viele Nutzgärtner bis heute inspiriert. Wesentlicher Trick in Villandry wie auch in Vereys Garten sind bunte Gemüsesorten, die für Abwechslung sorgen.

GEMÜSE ANBAUEN

Nichtsdestoweniger bauen wir Gemüse nach wie vor in erster Linie an, weil wir es irgendwann essen möchten. Dabei gilt es, einige Regeln zu beachten: Es ist zum Beispiel von Nutzen, die Vorteile der Mischkultur zu berücksichtigen. Das heißt unter anderem, dass man nur solche Gemüsearten nebeneinandersetzen sollte, die sich gegenseitig fördern.

Erprobte Nachbarn sind zum Beispiel Möhren und Zwiebeln, denn Möhren vertreiben die Zwiebelfliege und Zwiebeln die Möhrenfliege. Sellerie schützt Kohl vor Erdflöhen und Raupen, Kresse intensiviert den Geschmack von Radieschen, Bohnenkraut den der Bohnen, und Kümmel verleiht Kartoffeln und Kohl mehr Aroma.
Mischkultur bedeutet außerdem, dass man den zur Verfügung stehenden Platz optimal ausnutzt. Zwischen breit wachsenden Salat passen schlanke Zwiebeln, zwischen langsam wachsenden Blumenkohl in Reihen schnell wachsender Kümmel. Genügsamer Friséesalat wiederum kann sich das Beet mit dem etwas nährstoffbedürftigeren Kohlrabi teilen.
Um optimale Ernten zu erreichen und die Pflanzen gesund zu erhalten, muss eine gewisse Fruchtfolge eingehalten werden. Jährlich wechseln die Gemüsearten ihren Platz, sodass auf ein und derselben Fläche immer andere Gemüsearten mit anderen Ansprüchen stehen. Folgen nämlich mehrere Generationen Gemüse aufeinander, die sehr nährstoffbedürftig sind, laugen sie den Boden aus. Das Gemü-

se wächst schlecht, ist anfällig für Krankheiten oder kümmert im schlimmsten Fall vor sich hin. Treten dann im Boden noch Krankheitserreger auf, kann es Jahre dauern, bis dort wieder Gemüse gedeiht. Stark-, Mittel- und Schwachzehrer sollten sich also immer abwechseln. Nach Starkzehrern wie Kartoffeln, Kürbis, Tomaten oder Kohl werden Mittelzehrer wie Erdbeeren oder Rote Bete gepflanzt. Im dritten Jahr folgen dann Schwachzehrer wie Möhren, Zwiebeln, Erbsen oder Bohnen.

Berücksichtigt man all diese Vorgaben, ist es verständlich, warum Gemüse jahrhundertelang in ordentlichen Reihen gezogen wurde. Diese Anordnung ermöglicht eine gute Übersicht, die einzelnen Pflanzen lassen sich einfach aussäen und ernten und können sich mühelos in einer festgelegten Folge abwechseln. Darüber hinaus hat diese penible Ordnung durchaus ihren Reiz und bietet sich bei größerem Erntebedarf auch heute noch als optimale Gestaltungsidee an. Denn auch wenn uns die malerischen Nutzgärten von Villandry und Barnsley House faszinieren und zum Nachahmen verleiten, so sind sie doch in erster Linie Schaustücke. Sie sind zum Betrachten angelegt worden, weniger um gesundes Gemüse zu ziehen.

Wie beim Obstanbau gilt auch für den Anbau von Gemüse: Jede Art hat ihre besonderen Ansprüche. Nur wenn sie berücksichtigt werden, gedeihen die Pflanzen optimal. Sehr praktisch sind Hochbeete, die immer mehr in Mode kommen, da sie rückenschonend sind und schön aussehen. Darüber hinaus gibt es jedoch weitere Vorteile: Die Schichten in einem Hochbeet gleichen einer Kompostmiete, und durch den Verrottungsprozess ergeben sich höhere Temperaturen, die den Reifeprozess des Gemüses beschleunigen. Gerade Starkzehrer wie Kohl profitieren von der guten Nährstoffversorgung, die den Pflanzen optimale Wachstumsbedingungen bietet und eine nachträgliche Düngung überflüssig macht. Darüber hinaus kann man einige Wochen früher säen und ernten und auch sehr wärmeliebende Pflanzen anbauen. Außerdem kann man die Zusammensetzung des Substrats selbst bestimmen, sodass die Gemüsekultur auch in Höfen und auf Terrassen gelingt.

Fruchtgemüse

ARTISCHOCKE *(Cynara scolymus)*
Die Artischocke stammt aus dem östlichen Mittelmeerraum und wurde bereits in der Antike als Gemüse geschätzt. Schon früh erkannten die Heiler ihre günstige Wirkung auf Leber und Galle. In Europa wurde der wie eine überdimensionale Distel aussehende Korbblütler zuerst in Italien von dem neapolitanischen Gärtner Filippo Strozzi veredelt und in großem Stil angebaut. Strozzi lieferte Mitte des 15. Jahrhunderts Artischockentriebe nach Florenz und Venedig. Wenig später wurden sie in Spanien und Frankreich als Feinschmeckergemüse entdeckt.

In den warmen mediterranen Regionen wird die Pflanze bis zu zwei Meter hoch und ist dort mehrjährig. Mit ihren ungewöhnlichen, je nach Sorte blaugrauen bis graugrünen Blättern und den auf hohen, steifen Stielen thronenden purpurnen Blütenknospen ist die Artischocke inzwischen aber nicht allein für Gourmets interessant, sondern auch für experimentierfreudige Gärtner. Sie haben längst die ornamentalen Qualitäten der Pflanze erkannt und platzieren sie zwischen Stauden und Sommerblumen. Aber ganz gleich ob im Blumen- oder im Gemüsebeet: Artischocken sind immer ein spektakulärer Hingucker.

Anbau Da Artischocken in der Regel erst im zweiten Sommer blühen, müssen sie hierzulande im Winter gut mit Stroh und Laub abgedeckt werden. Mit etwas Glück kann man aber auch schon in der ersten Saison ernten. Dazu sollte man im Februar mit der Aussaat unter Glas bei Temperaturen zwischen 20 und 25 °C beginnen. Ende Mai kommen die Pflanzen dann ins Freiland. Dort brauchen sie viel Platz und als Tiefwurzler zudem einen tiefgründigen, nährstoffreichen Boden an einem sonnigen, möglichst windgeschützten Standort. Darüber hinaus benötigen sie auch während der Vegetation gelegentliche Kompostgaben und reichlich Wasser. Staunässe ist zu vermeiden. Jungpflanzen kann man auch in gut sortierten Gärtnereien erhalten.

Ernte Bei günstigen Bedingungen können schon im Spätsommer der ersten Saison einige Artischocken geerntet werden. In der zweiten Saison gibt es bereits mehr Blütentriebe. Sie sollten von Juni bis Juli geschnitten werden, solange sie noch geschlossen sind. Dann ist der schmackhafte Blütenboden noch zart und unverholzt. Wenn die Köpfe sich purpurrot verfärben und die Schuppen sich zu öffnen beginnen, wird die Artischocke ungenießbar, macht dafür aber im Garten als prächtiges Blütengewächs auf sich aufmerksam. Damit die Artischocke bis zur Verarbeitung frisch bleibt, wird sie immer mit einem Stück Stängel geerntet.

Verarbeitung Artischocken werden gekocht und dann warm oder kalt als Vorspeise serviert. Die Herzen lassen sich auch gut in Öl oder Essig einlegen und so einige Zeit konservieren.

Sorten 'Imperial Star' ist besonders schnellwüchsig und bildet bereits im ersten Jahr viele Knospen. 'Camus de Bretagne' ist die wichtigste französische Sorte. Sie hat eine stumpfkugelige Form, besonders große Knospen und einen zarten, fleischigen Boden. 'Romanesco' ist eine beliebte italienische Artischocke mit mittelgroßen, runden Knospen in zartvioletter Färbung. Bekannt und bewährt ist hierzulande die Sorte 'Vert Globe'.

Medizinische Wirkung Artischocken wirken appetitanregend, verdauungsfördernd und cholesterinsenkend. Der in ihnen enthaltene Bitterstoff Cynarin regt den Stoffwechsel von Leber und Galle an. Darüber hinaus sind Artischocken reich an Vitamin E und Vitaminen der B-Gruppe sowie Mineralstoffen und Flavonoiden.

REZEPT

Keine Angst vor Artischocken

Artischocken erscheinen vielen Gärtnerinnen und Gärtnern immer noch wie ein Buch mit sieben Siegeln. Ausprobieren lohnt sich dennoch, denn die Zubereitung ist nicht so schwierig, wie man denkt.

Zunächst werden die Artischocken gewaschen und trocken getupft. Dann werden die Stiele aus dem Boden gebrochen. Nur dadurch lösen sich die harten, ungenießbaren Fasern vom Boden. Damit das Kochwasser besser in die Zwischenräume gelangt, werden die Knospenspitze und die äußeren Blätter mit einer Küchenschere gekappt. Um Verfärbungen zu vermeiden, sollte man alle Schnittstellen mit Zitronensaft beträufeln. In gesalzenem Zitronenwasser werden die Artischocken etwa 40 Minuten gekocht. Sie sind gar, wenn sich die Blätter mühelos herauszupfen lassen. Vor dem Servieren werden die inneren Spitzen entfernt und das am Boden befindliche »Heu« herausgekratzt. Zum Essen löst man die Blätter, dippt sie in Saucen oder Vinaigrette und saugt den unteren fleischigen Blattteil aus. So nähert man sich nach und nach dem besten Teil der Frucht, dem zarten Artischockenherz. Während man die Blätter als Fingerfood zu sich nimmt, isst man das Herz mit Messer und Gabel.

So knospig sind Artischocken kurz vor der Ernte. Die später erscheinenden blauvioletten Röhrenblüten sind hübsch, machen die Pflanzen aber ungenießbar.

Vor einigen Jahren noch war Kürbis ein fast vergessenes Gemüse – mittlerweile ist die Beerenfrucht aus der Winterküche kaum mehr wegzudenken.

KÜRBIS *(Cucurbita sp.)*
Alle Arten dieser Beerenfrucht stammen aus Mittel- oder Südamerika, wo sie seit jeher zum Grundnahrungsmittel der einheimischen Bevölkerung zählen. Sie gehören zu den größten Früchten überhaupt, einzelne Exemplare vom Riesenkürbis können 500 Kilogramm schwer werden. Kürbisse erscheinen in vielen verschiedenen Formen und Varietäten, die bei ihrer Unterscheidung leicht Verwirrung stiften können. Drei Arten werden jedoch am häufigsten angebaut oder angeboten: Riesen- oder Speisekürbis *(Cucurbita maxima)*, Muskat- oder Moschuskürbis *(Cucurbita moschata)* sowie Gemüsekürbis, Patisson und Zucchini *(Cucurbita pepo)*.

Anbau Im Garten braucht der Kürbis ausreichend Platz. Bei der Aussaat sollte beachtet werden, dass eine einzige Pflanze leicht mehrere Quadratmeter einnehmen kann. Die Aussaat erfolgt nach den letzten Nachtfrösten, da Kürbisse kälteempfindlich sind. Die benötigten Pflanzen können auch vorgezogen und nach den Eisheiligen ausgepflanzt werden. Als Starkzehrer benötigt der Kürbis einen mit Kompost gut vorbereiteten, nährstoffreichen Boden in voller Sonne und reichlich Wassergaben. Unter solchen Voraussetzungen entwickelt er sich gut. Innerhalb von drei bis vier Monaten wird aus einem gerade mal daumen-

großen Saatkorn eine je nach Sorte mehrere Kilo schwere Frucht.

Ernte Kürbisse werden je nach Sorte in der Zeit von September bis Ende Oktober geerntet. Sie sind reif, wenn sie beim Anklopfen hohl klingen.

Verarbeitung Kürbisse lassen sich bei Temperaturen um die 15 °C einige Monate lang lagern. Man kann das Fleisch aber auch gut einfrieren oder ganz traditionell süßsauer einlegen. Aus Kürbissen lassen sich köstliche Suppen und Aufläufe zubereiten; daneben gibt es aber auch viele Rezepte für Kuchen und Muffins mit Kürbis.

Sorten 'Hokkaido' ist ein aus Japan kommender, meist orangeroter Kürbis, der sich inzwischen auch wegen seiner handlichen Größe zu einer der beliebtesten Sorten entwickelt hat. Er ist außerordentlich aromatisch, besitzt einen besonders hohen Carotingehalt und lässt sich auch mit Schale verarbeiten. 'Muscade de Provence', der Muskatkürbis, ist eine köstliche und mit ihren groben Rippen und der glänzenden Schale äußerst dekorative Sorte aus Südfrankreich. Die zunächst dunkelgrüne Farbe geht bei fortgeschrittener Reifung in Orange über. 'Blue Hubbard' ist ein graublauer Kürbis mit buckeliger Schale, der in den USA sehr beliebt ist. Das Fruchtfleisch ist dunkelgelb, sehr fest und süß. 'Futsu Black Rindet' hat eine anthrazitfarbene Schale und festes, orangefarbenes Fruchtfleisch mit feinem Nussaroma. Das ebenfalls nussige Fruchtfleisch des länglichen Spaghettikürbis zerfällt nach dem Garen in spaghettiähnliche Fasern, die genauso wie die beliebte Pasta zubereitet werden.

Medizinische Wirkung Dank seiner Mineralstoffe und Vitamine wirkt der Kürbis entwässernd und verdauungsfördernd. In den orangefarbenen Sorten stecken viele Carotinoide, die das Immunsystem stärken. Kürbiskerne sind eine beliebte Knabberei, die Blasenbeschwerden und Prostataleiden vorbeugt.

REZEPT

Karamellisierte Kürbiskerne

Zutaten:

150 g Kürbiskerne
3 EL Zucker

Die Kürbiskerne in eine beschichtete Pfanne geben und bei geringer Hitze anrösten. Dabei die Pfanne leicht hin und her bewegen, damit die Kerne nicht anbrennen. Wenn die Kerne leicht gewölbt sind, an den Pfannenrand schieben und in die Pfannenmitte den Zucker schütten. Hellbraun karamellisieren lassen und mit den Kernen vermischen. Auf Backpapier verteilen, trocknen lassen und auseinanderbrechen.

REZEPT

Chiliöl

Zutaten für 1 l:

4 Chilischoten
1 Rosmarinzweig
4 Pfefferkörner
500 ml Rapsöl

Chilis waschen, trocken tupfen und entkernen. Rosmarin waschen und trocken schütteln. Mit den Pfefferkörnern in die Flasche geben und mit Öl auffüllen. Mindestens zwei Wochen ziehen lassen.

Bei manchen Gemüsearten empfiehlt sich die frühe Vorkultur auf dem Fensterbrett.

PAPRIKA UND CHILI

(Capsicum annuum, C. frutescens)

Im Anfang war der Chili und nicht etwa die Paprika. Chilipflanzen werden in ihrer lateinamerikanischen Heimat seit Jahrhunderten kultiviert, und jede Region hat dort ein eigenes Repertoire traditioneller Sorten. Vermutlich mit Christoph Kolumbus kamen die ersten Pflanzen im 15. Jahrhundert nach Europa und gelangten bald auch nach Afrika und Asien, wo sie eine beliebte Alternative zum teuren Pfeffer wurden. Für europäische Zungen bargen die scharfen Schoten von *Capsicum frutescens*, so der botanische Name, hingegen gewöhnungsbedürftige Aromen. Sie bearbeiteten das Nachtschattengewächs züchterisch, und so entstand der mildere Paprika, botanisch *Capsicum annuum*, der all seiner Schärfe beraubt zu einem beliebten Gemüse wurde. Vor allem die Ungarn entwickelten robuste Sorten, die auch dem mitteleuropäischen Klima standhalten.

Inzwischen hat man aber auch die inneren Werte der Urpflanze wiederentdeckt. Das liegt sowohl an unserer multikulturellen Küche, in der Schärfe durchaus willkommen ist, aber auch daran, dass einer der Inhaltsstoffe von Chilis, das Capsaicin, die Stimmung heben soll. Die durch das Capsaicin verursachte Schärfe wird in Scoville-Einheiten angegeben, benannt nach dem amerikanischen Pharmakologen Wilbur L. Scoville. Die Scoville-Skala reicht von praktisch null für Paprika bis zu der aktuell schärfsten Chilisorte 'Naga Jolokia' mit 1 000 000 Scoville.

Anbau Sowohl Chilis als auch Paprika sind kälteempfindlich. Die einjährigen Paprika haben eine lange Vegetationszeit und sollten ab Februar auf dem Fensterbrett vorgezogen und erst nach den letzten Frösten in einem mit Kompost gut vorbereiteten Beet ins Freiland gesetzt werden. Die erste Blütenknospe in der obersten Verzweigung wird ausgeknipst. Die Pflanze steckt sonst ihre ganze Kraft in diese sogenannte Königsblüte und versorgt die weiteren nicht genügend.

Chilis wachsen in ihrer warmen Heimat ausdauernd. Hierzulande werden sie entweder als einjähriges Gewächs im Beet kultiviert, oder man zieht sie als mehrjährige Topfpflanze, die den Winter an einem hellen Platz im Haus verbringt. Im Freiland werden sie wie Paprika kultiviert. Im Beet wie im Gefäß verlangen sie nach einem sonnigen, warmen Standort und wollen regelmäßig mit Wasser versorgt werden. Je nach Sorte werden sie 20 bis 80 Zentimeter hoch und tragen vom Sommer bis zum Winter formenreiche, überaus dekorative Früchte in Grün, Gelb, Rot und Violett. Als Regel gilt: Je kleiner die Früchte, desto schärfer.

Ernte Je nach Sorte können Paprika und Chilis bereits ab Juli geerntet werden. Die Ernte erstreckt sich bis in den Herbst.

Verarbeitung Paprika sollten frisch verzehrt werden. Im Kühlschrank halten sie sich aber einige Tage. Zusammen mit Tomaten und Gewürzen kann man Paprika aber auch zu Saucen verarbeiten, die frisch gegessen oder eingefroren werden können. Man kann sie füllen, klein geschnitten zu ungarischem Gulasch geben oder im Wok kurz dünsten. Chilis lassen sich sehr gut trocknen. Dafür fädelt man sie auf und hängt die Kette an einen luftigen Ort. Durch Einlegen in Öl werden sie ebenfalls haltbar gemacht.

Sorten Eine empfehlenswerte Paprikasorte ist 'Pinokkio'. Die robuste, krankheitsresistente Paprika begeistert mit spitzen, zunächst gelben, dann leuchtend orangeroten Früchten. Die rote Sorte 'Bontempi' mit mittelgroßen Früchten bringt auch im Freiland zuverlässig eine gute Ernte. Auch 'Ference Tender' entwickelt im Freiland zahlreiche Früchte. Sie sind zunächst gelb, später rot. 'Frühzauber' ist eine alte Sorte mit herzförmigen Früchten. 'Sweet Chocolate' ist ebenfalls eine alte Sorte mit länglichen, eckigen Früchten, die zunächst

Paprika sind äußerst wärmebedürftig. Wer größere Mengen ernten will, sollte das hübsche Nachtschattengewächs am besten im Gewächshaus ziehen.

Rhabarber löscht den Durst, erfrischt und fördert die Verdauung.

dunkelgrün, dann schokoladenbraun und schließlich rot werden. Sie schmecken schon vor der Vollreife süß und aromatisch.

Unter den unzähligen Chilisorten sind die sehr scharfen Früchte der Chili 'Numex Twilight' hervorzuheben, die zuerst lila, dann gelb und zuletzt orange und rot werden und am Strauch äußerst farbenfroh und dekorativ wirken. Die Früchte der Chilisorte 'Kekova' sind leicht gedreht und schmecken würzig. Sie sind zuerst grün und werden mit wachsender Reife knallrot. Zu den schärfsten Sorten zählt 'Jalapeno', deren Früchte meist schon grün geernet und eingelegt oder zu Chilisauce verarbeitet werden.

Medizinische Wirkung Sowohl Chili als auch Paprika enthalten mehr Vitamin C als jedes Obst, dazu Mineralstoffe, Betacarotin sowie Vitamin B. Das in Chilis enthaltene Capsaicin, das die Schoten scharf macht, reizt die Nervenenden im Mund auf das Äußerste. Der Körper reagiert auf diesen Notfall mit der Ausschüttung von Endorphinen, unserer körpereigenen Glücksdroge, die Schmerzen lindert und uns Wohlgefühl beschert.

Mit roten Stielen und ausladendem Blattwerk macht sich Rhabarber bestens als Blattstaude im Blumenbeet.

RHABARBER *(Rheum rhabarbarum)*

Viele halten ihn für ein Obst, Rhabarber zählt aber zum Gemüse. Sein säuerlich-fruchtiges Aroma prädestiniert ihn allerdings eher für Desserts als für einen herzhaft-würzigen Hauptgang. Zu Hause ist das mehrjährige Knöterichgewächs in China, wo es nachweislich 2700 v. Chr. kultiviert wurde. Seine Wurzeln waren ein begehrter Rohstoff für Abführmittel und werden auch heute noch zu Heilzwecken angebaut. Über die fernöstlichen Handelswege gelangte die Pflanze in der Antike zunächst nach Russland. Ihr Name geht vermutlich auf das griechische Wort für Wolga »Rha« und das für Fremdling »Barbar« zurück. Nach Mitteleuropa kam der Rhabarber im 16. Jahrhundert. Seit dem 18. Jahrhundert wird er in Frankreich, Holland und England angebaut. Die deutsche Rhabarberkultur geht auf das Jahr 1840 zurück, als ein Händler aus den Vierlanden bei Hamburg Rhabarberpflanzen von einem in Hamburg ansässigen Engländer bekam. Von Norddeutschland breitete sich das Gewächs dann in die übrigen Landesteile aus.

Anbau Rhabarber pflanzt man im Frühling oder Herbst auf einem nährstoffreichen, mit Kompost gut vorbereiteten, eher feuchten Boden an einem sonnigen bis halbschattigen Standort. Er braucht Platz, denn mit den Jahren breitet er sich aus und entwickelt die typischen großen Blätter. Die sind ebenso wie die Blüte ausgesprochen zierend und machen jeder Blattschmuckstaude Konkurrenz. Daher ist es schon eine Überlegung wert, den Rhabarber im Blumenbeet unterzubringen. Besonders gut passt er auch an den halbschattigen Teichrand, wo ihm die Kühle des Wassers bestens bekommt.

Delikater wird der Rhabarber übrigens, wenn man ihn, wie in England üblich, unter sogenannten Rhabarbertöpfen kultiviert. Diese bodenlosen Treibtöpfe mit Deckel aus Ton, auch Forcer genannt, speichern einerseits die Wärme, sodass die Pflanze schneller wächst, andererseits bilden sich im Dunkeln Geschmacks- und Farbstoffe nur schwach aus. Der Rhabarber wird weniger sauer.

Ernte Frisch gepflanzter Rhabarber sollte erst ab dem dritten Jahr geerntet werden. Die Stiele schneidet man von April bis Mitte Juni. Nach Johanni, dem 24. Juni, steigt der Gehalt an Oxalsäure stark an und kann die Bildung von Nierensteinen begünstigen. Die Stiele werden vorsichtig am Wurzelhals abgedreht. Damit die Pflanze keinen Schaden nimmt, sollte immer nur ein Drittel der Stiele entnommen werden.

Verarbeitung Wegen des hohen Oxalsäuregehalts wird vom rohen Verzehr abgeraten. Der verringert sich aber durch Hitzeeinwirkung. Zur Verarbeitung werden die Stiele sorgfältig geschält, denn in der äußeren Haut

So zart wird Rhabarber, wenn er unter einem Rhabarbertopf kultiviert wird.

steckt die meiste Oxalsäure. Dann werden sie klein geschnitten und kurz in kochendem Wasser blanchiert. Das Wasser wird weggeschüttet. Die Rhabarberstücke kann man zu Kompott, Chutney, Saft, Kuchenbelag oder Marmelade verarbeiten. Im Kühlschrank hält sich Rhabarber in feuchte Tücher eingewickelt einige Tage. In Stücke geschnitten lässt er sich auch einfrieren.

Sorten Es gibt grünstieligen und rotstieligen Rhabarber, wobei die rotstieligen Sorten aromatischer und weniger sauer sind. Eine der beliebtesten rotstieligen Sorten ist 'Holsteiner Blut'. 'Rosara' ist eine frühe Sorte mit langer Tradition. Sie ist außen rot und innen grünfleischig und sehr ertragreich.

'Goliath' wird, wie der Name es schon vermuten lässt, besonders groß und entwickelt grüne Stiele von bis zu 90 Zentimetern Länge. 'Red Valentine' ist eine rotstielige, kanadische Sorte mit besonders feinem Aroma. 'Frambozen Rood' ist eine neue rotstielige und grünfleischige Sorte, die wegen ihres Duftes und Aromas auch Himbeer-Rhabarber genannt wird.

Medizinische Wirkung Die erfrischende, durstlöschende, verdauungsfördernde und zugleich antibakterielle Wirkung des Rhabarbers beruht auf seinem hohen Gehalt an Apfel- und Oxalsäure. Oxalsäure entzieht dem Organismus jedoch auch Calcium. Daher sollte man Rhabarber wenn möglich in Kombination mit Milchprodukten essen, weil sich die Oxalsäure dann mit dem Calcium der Milch verbinden kann und daher nicht nach dem Calcium im Körper greift. Außerdem ist Rhabarber reich an Mineralstoffen, allen voran Kalium, Magnesium und Phosphor. Der Vitamingehalt des Rhabarbers ist hingegen nur durchschnittlich.

Tomaten aus dem eigenen Garten duften noch nach Tomaten und haben ein unvergleichliches Aroma.

Tomaten müssen nicht zwingend rot sein. Unter anderem gibt es gelbe und orangefarbene Sorten, und einige bestechen in einem dunklen Purpur.

TOMATE *(Solanum lycopersicum)*

Tomaten stammen aus den tropischen Gebieten Süd- und Mittelamerikas, wo sie zuerst von den Azteken und Maya als Nahrungsmittel kultiviert wurden. Christoph Kolumbus brachte die Tomate 1498 von seiner zweiten Amerikareise nach Europa, wo sie anfänglich als seltene und aparte Zierpflanze von sich reden machte. Daran erinnern noch die Bezeichnungen Paradies-, Liebes- und Goldapfel. Erst um die Mitte des 18. Jahrhunderts begann man zögerlich, sie auch für die Küche zu kultivieren, denn als Nachtschattengewächs haftete ihr ähnlich wie der Kartoffel immer noch der Ruf an, giftig zu sein.

Inzwischen ist die Tomate zum Topgemüse der Deutschen avanciert. Früchte aus dem Supermarkt stammen fast ausschließlich aus Gewächshauskultur und sind häufig relativ geschmacklos. Schon deshalb lohnt sich ein Versuch, Tomaten im eigenen Garten anzubauen, die aromatisch weitaus mehr zu bieten haben. Außerdem werden mittlerweile wieder unzählige alte Sorten mit verschiedensten Geschmacksrichtungen, Formen und Farben von Spezialanbietern und Vereinen angeboten, die es als Früchte meistens nicht zu kaufen gibt. Es gibt platte, wulstige, ovale und kugelige Sorten, manche sind faustgroß, andere so klein wie eine Kirsche, und die Farben reichen von Weiß und Gelb über Orange, Rot und Grün bis hin zu Braun und einem fast schwarzen Purpur. Sogar gestreifte Tomaten stehen zur Auswahl.

Anbau Im Garten benötigen die einjährigen Gewächse einen warmen, windgeschützten Platz, am besten vor einer weißen Südwand, die die Sonne reflektiert. Der Boden sollte vor dem Pflanzen gut mit Kompost angereichert werden. Da es die Raritäten nach wie vor kaum als Jungpflanzen im Handel gibt, müssen sie aus Samen ab März auf der Fensterbank oder im warmen Frühbeet vorgezogen werden. Ab Mitte Mai kommen sie ins Freie, wo man sie an Stäben oder Gittern anbindet. Damit die Tomaten ihre gesamte Energie in die Fruchtbildung stecken, sollten regelmäßig alle jungen Seitentriebe entfernt werden. Dazu bricht man diese möglichst früh mit den Fingern aus. Pro Pflanze sollte am besten nur ein einziger Haupttrieb aufgebunden werden. Bei Trockenheit muss ausgiebig gewässert werden. Was die Fruchtfolge betrifft, sind Tomaten sehr genügsam. Sie können über Jahre hinweg am selben Platz stehen. Gute Nachbarn sind Petersilie, Salat, Lauch und Kohl.

Ernte Von Juli bis Oktober werden Tomaten laufend frisch geerntet. Ende August wird der oberste Blütentrieb abgebrochen, damit alle Kraft in den noch vorhandenen Fruchtansatz geleitet wird. Letzte grüne Tomaten kann man samt Zweig abschneiden und im Haus nachreifen lassen.

Verarbeitung Tomaten sind überaus vielseitig verwendbar. Sie schmecken frisch als Salat, gebraten oder gedünstet als Gemüse und gekocht als Suppe. Man kann aus ihnen Sauce, Pesto oder Ketchup zubereiten und sie auf diese Weise auch konservieren. Reife Tomaten lassen sich nicht lange lagern und halten sich im Kühlschrank etwa eine Woche.

Sorten Die alte, gerippte Tomate 'Ochsenherz', auch als 'Cœur de Bœuf' bekannt, begeistert noch immer. Die Pflaumentomate 'Black Plum' ist ebenfalls eine alte Sorte mit dunklem, süßem Fruchtfleisch. Die Sorte 'Andenhörnchen' sieht eher aus wie eine Peperoni, ist aber süß und aromatisch und sehr robust. 'Balkonstar' ist eine kompakt wachsende Buschtomate für den Balkonkasten. Die hellgelbe dekorative 'Snowberry' besticht durch ungewöhnliche Süße. 'Green Zebra' ist grüngelb gestreift und schmeckt leicht nach Melone. Die 'Schwarze von der Krim' hat dunkelpurpurne Früchte mit einem sehr süßen Aroma. Cremeweiße Früchte bringt hingegen die robuste und ertragreiche Tomate 'Weiße Schönheit' hervor. Die rotgelb gestreiften Früchte der Sorte 'Stripped Stuffer' erinnern an eine Paprika und lassen sich gut füllen.

Medizinische Wirkung Tomaten sind reich an Vitamin A und C, und dank ihrer reichlich vorhandenen Carotinoide, die vor allem in Ketchup und Tomatenmark konzentriert vorkommen, beugen sie Krebserkrankungen, Arterienverkalkung, Herzinfarkt und Schlaganfall vor.

Zucchini sind extrem einfach zu kultivieren, stecken dabei voller Mineralstoffe und regen außerdem den Stoffwechsel an.

ZUCCHINI *(Cucurbita pepo)*

Der Begriff Zucchini kommt aus dem Italienischen und bedeutet »kleine Kürbisse«. Und in der Tat zählen Zucchini, der botanische Name verrät es schon, zu den Kürbisgewächsen und werden auch ebenso kultiviert.

Anbau Das meist dunkelgrüne oder hellgelbe Gemüse ist völlig unkompliziert und lässt sich leicht im eigenen Garten ziehen. Häufig reichen schon ein bis zwei Pflanzen, um den Bedarf einer vierköpfigen Familie zu decken, und nicht selten kommt es vor, dass man die Erntemengen kaum bewältigen kann. Gute Nachbarn sind Stangenbohnen und Zwiebeln.

Ernte Zucchini werden von Juni bis Oktober geerntet.

Verarbeitung Die jungen, zarten Früchte sind als gebratenes oder gedünstetes Gemüse besonders wohlschmeckend. Aber auch die größeren Exemplare sind jederzeit essbar. Wer also nach dem Urlaub Riesenkeulen im Garten vorfindet, kann sie aufschneiden, füllen und backen oder schmoren. Auch Zucchinisuppe schmeckt köstlich und lässt sich außerdem sehr gut einfrieren. Essbare Blüten liegen voll im Trend, und Zucchiniblüten zählen zu diesen Delikatessen für Gaumen und Auge. Sie können Salate verzieren und sogar gefüllt werden. Zucchini lassen sich wie Kürbisse gut lagern.

Sorten 'Bianco di Trieste' ist eine fast weiße, sehr aromatische Sorte aus Italien. 'Striatio d`Italia' ist ebenfalls eine italienische, leicht gerippte Sorte mit hell- und dunkelgrünen Streifen. Die altbewährte 'Alberello di Sarzana' ist eine der aromatischsten Sorten, die zudem viele Blüten produziert. 'Black Beauty' hat lange, schwarzgrüne, 'Gold Rush' hingegen goldgelbe Früchte. 'Tondo chiaro di Nizza' entwickelt viele runde, hellgrüne, zarte Früchte, die schon tennisballgroß geerntet werden können.

Medizinische Wirkung Zucchini gehören zu den kalorienarmen Gemüsearten, sind dafür aber reich an Mineralstoffen wie Calcium und Eisen. Wer Zucchini isst, aktiviert den Zellstoffwechsel und tut etwas für die Entwässerung und Entgiftung des Darms.

REZEPT

Zucchini-Puffer

Zutaten für 4 Portionen:

2 mittelgroße Zucchini
Salz
5-6 EL Semmelbrösel
2 EL geriebener Parmesan
4 Eier
etwa ½ TL Chilipulver
etwas geriebene Muskatnuss
Pfeffer
2-3 EL Olivenöl

Die Zucchini waschen, abtrocknen und fein reiben. Salzen und für etwa fünf Minuten stehen lassen. Danach die Masse in ein feines Sieb geben und über einer Schüssel abtropfen lassen. Mit den Händen noch etwas auspressen. Die Masse dann in eine Schüssel geben. Mit den Semmelbröseln, dem Parmesan und den Eiern zu einer geschmeidigen Masse verkneten und mit Chili, Muskatnuss, Pfeffer und gegebenenfalls noch etwas Salz würzen. In einer beschichteten Pfanne das Olivenöl erhitzen und den Zucchiniteig mit einem Esslöffel portionsweise in das Fett geben. Den Teig etwas glatt streichen und genug Abstand zwischen den einzelnen Puffern lassen. Die Puffer dann von beiden Seiten goldbraun und knusprig braten.

Nicht nur die Früchte der Zucchini sind delikat, auch die goldgelben Blüten gelten als Delikatesse.

Mangold ist ein wahrer Augenschmaus im Beet. Er kann während des ganzen Sommers geerntet werden.

Blattgemüse

MANGOLD *(Beta vulgaris subsp. vulgaris)*
Mangold ist eng verwandt mit der Roten Rübe, aber auch mit dem Spinat, dem er auch in der Kultur und Zubereitung gleicht. Man unterscheidet zwischen dem relativ kleinblättrigen Schnitt- oder Blattmangold und großblättrigem Stiel- oder Rippenmangold. Die Färbung der Stängel reicht von silbrig Weiß über Gelb bis hin zu tiefem Rot.
Schon im 2. Jahrhundert v. Chr. war das Fuchsschwanzgewächs im Mittelmeerraum ausgesprochen beliebt. Seit dem Mittelalter wurden veredelte Mangoldgewächse auch in Mitteleuropa sehr geschätzt, und noch um die Jahrhundertwende war der Mangold in Deutschland sehr beliebt. Aufgrund seines vermeintlich hohen Eisengehalts verdrängte der Spinat aber hierzulande den Mangold für lange Zeit vom Speisezettel. Inzwischen feiert er auch aufgrund seiner optischen Qualitäten ein glanzvolles Comeback. Vor allem die rot- und gelbstieligen Sorten sind so dekorativ, dass innovative Gärtner sie inzwischen mitten ins Blumenbeet pflanzen oder an sehr prominenter Stelle im Küchengarten platzieren.
Anbau Mangold ist zweijährig, wird aber in der Regel einjährig kultiviert und kommt in unseren Gärten daher selten zum Blühen. Er benötigt einen tiefgründigen, nahrhaften Boden in voller Sonne. Im April wird er auf ein mit Kompost vorbereitetes Beet gesät. Kohl, Möhren und Radieschen sind gute Nachbarn.
Ernte Während des ganzen Sommers können immer wieder die äußeren Blätter geerntet werden. Das Herz der Pflanze bleibt dabei erhalten, sodass weitere Blätter nachwachsen.
Verarbeitung Mangoldblätter werden wie Spinat zubereitet, die Stiele wie Spargel. Mangold lässt sich nicht gut lagern und sollte frisch zubereitet werden. Zum Konservieren blanchiert man ihn und friert ihn dann ein.
Sorten 'Lukullus' ist ein stark wüchsiger Blattmangold mit stark gekrausten Blättern und weißen Rippen. Unter dem Namen 'Bright Lights' wird eine Mischung von roten, gelben, weißen und grünen Mangoldvariationen angeboten. Die bunten Pflanzen ergeben ein wahres Farbfeuerwerk im Beet. Die aromatischen Stiele von 'Rhubarb Chard' behalten selbst gekocht ihre tiefrote Farbe. 'Bright Yellow' hat breite, leuchtend gelbe Stiele.
Medizinische Wirkung Mangold enthält Vitamin A, B_1, C und Mineralstoffe. Er entgiftet den Darm und hilft bei Verdauungsstörungen.

MELDE *(Atriplex hortensis)*
Bereits bei den Römern war die Melde wohlbekannt. Sie brachten das Fuchsschwanzgewächs dann auch nach Mitteleuropa, wo ihm allerdings ein ähnliches Schicksal widerfuhr wie dem Mangold. Der Spinat verdrängte die Melde aus den Gärten und der Küche. Und ebenso wie beim Mangold verdankt auch die Melde einigen auffällig gefärbten Sorten ihre Renaissance. Vor allem die rotlaubigen Varietäten machen sich im Beet gut als Zierpflanze.
Anbau In der Kultur ist die Pflanze unkompliziert. Sie gedeiht auch an einem halbschattigen Standort und lässt sich gut als Nachfrucht einsetzen, wenn andere Gemüsearten bereits abgeerntet wurden. Gesät werden kann ab März bis Juli in einen nährstoffreichen, lockeren Boden, der gleichmäßig feucht sein sollte.
Ernte Man kann je nach Bedarf fortlaufend Blätter ernten oder die Pflanzen bei einer Höhe von 20 Zentimetern abschneiden.
Verarbeitung Melde wird wie Spinat zubereitet. Junge Blätter schmecken gut im Salat, sie sollten aber frisch verzehrt werden. Kurz blanchiert kann man sie auch einfrieren.
Sorten Die 'Weiße Melde' mit hellgrünen, fast gelben Blättern ist eine bewährte Sorte.

REZEPT

Pfannkuchen mit Mangold

Zutaten für 4 Portionen:

250-300 ml Milch
150 g Kichererbsenmehl
2 Eier
Salz
2-3 EL Butter

Für die Füllung:

1 Mangold
4 Frühlingszwiebeln
1 Knoblauchzehe
2 EL Olivenöl
4 gehackte Salbeiblätter
Salz
geriebene Muskatnuss

Zunächst den Backofen auf 80 Grad Celsius (Ober- und Unterhitze) vorheizen. Die Milch mit dem Mehl, den Eiern und einer Prise Salz verrühren. Den Teig etwa zehn Minuten quellen lassen. In einer beschichteten Pfanne in Butter aus dem Teig vier Pfannkuchen goldgelb backen. Im vorgeheizten Backofen warm halten.
Für die Füllung den Mangold waschen, putzen und Grün und Weiß des Mangolds hacken und getrennt aufbewahren. Die Frühlingszwiebeln waschen, putzen und in Ringe schneiden. Den Knoblauch schälen und fein hacken. Frühlingszwiebeln, Knoblauch und Mangold-Weiß in heißem Olivenöl einige Minuten andünsten.
Dann die grünen Mangoldblätter sowie den Salbei untermengen und in etwa drei Minuten fertig garen. Mit Salz und Muskatnuss abschmecken. Die Füllung auf den Pfannkuchen verteilen und servieren.

Die rotlaubige Gartenmelde ist eine imposante Blattschmuckpflanze, die sich gern selbst aussät.

Die 'Berndorfer Grüne Melde' ist dunkler als die weiße Varietät und hat eher runde, glattrandige Blätter. Ein Hingucker im Beet sind rotlaubige Melden wie 'Red Spire' und 'Rubra' mit karminroten Stängeln und Blättern.

Medizinische Wirkung Melde ist reich an den Vitaminen A und C sowie an Mineralstoffen. In der Volksmedizin verwendete man einen Tee aus den Blättern der Melde bei Lungen-, Blasen- und Nierenleiden.

SPINAT *(Spinacia oleracea)*

Spinat ist so gesund, dass er, wie der Volksmund sagt, die halbe Apotheke ersetzt. Seine Heimat wird im Orient vermutet. Von dort brachten ihn die Araber, die ihn »Isfinadsch« nennen, im 8. Jahrhundert nach Spanien, wo sich der Name dann in »Espinaca« wandelte. Über Frankreich und Holland verbreitete sich das Fuchsschwanzgewächs dann ab dem 16. Jahrhundert auch in Deutschland, wo es nach und nach die verwandte Gartenmelde verdrängte.

Anbau Spinat kann sowohl im Frühjahr als auch im Herbst in ein mit Kompost angereichertes Beet an einem sonnigen bis halbschattigen Standort ausgesät werden. Der Boden sollte immer gut feucht gehalten werden, Staunässe verträgt Spinat aber nicht. Durch eine Stickstoffüberdüngung kommt es zur übermäßigen Bildung von Oxalsäure sowie der Umwandlung von Nitrat in giftiges Nitrit. In einem mit Kompost angereicherten Boden sollte deshalb gar nicht mehr gedüngt werden. Spinatwurzeln enthalten wertvolle Saponine, die die Aufnahmefähigkeit der Pflanzenzellwände für Nährstoffe erhöhen. Daher sollten sie nach der Ernte im Boden bleiben. Besonders gute Nachbarn sind Kartoffeln, Kohl, Stangenbohnen und Radieschen.

Ernte Bereits acht Wochen nach der Aussaat kann Spinat geerntet werden. Dafür wird er kurz über dem Boden abgeschnitten, ohne dabei das Herz in Mitleidenschaft zu ziehen. Die Pflanze treibt dann wieder aus und kann auf diese Weise mehrere Male abgeerntet werden.

Verarbeitung Frisch gepflückter Spinat sollte sofort verwertet werden. Ansonsten kann er zur Konservierung tiefgekühlt werden. Dafür blanchiert man ihn vor dem Einfrieren kurz. Meist wird Spinat gedünstet und als Gemüse zubereitet. Die noch ganz jungen, zarten Blätter eignen sich aber auch für Salate.

Sorten 'Matador' ist eine altbewährte, robuste und aromatische Sorte. Die Sorte 'Butterfly' eignet sich besonders gut für den späten Anbau, wenn andere Sorten im heißen Hochsommer schnell in Blüte schießen und daher kaum Ertrag bringen. 'Winterriesen' ist eine großblättrige, ertragreiche Sorte, die sehr widerstandsfähig gegen Kälte ist und sich daher besonders gut für die Herbstaussaat ab August eignet. Sie kann dann von September bis April geerntet werden.

Medizinische Wirkung Spinat enthält reichlich Vitamine, Mineralstoffe und Eiweiß. Sein Vitamin-C-Gehalt ist mindestens so hoch wie der von Zitronen. Er ist reich an Carotinoiden und senkt so das Risiko für bestimmte Krebs- sowie für Herz-Kreislauf-Erkrankungen. Spinat enthält außerdem Eisen, allerdings lange nicht so viel, wie über Jahrzehnte hinweg angenommen wurde.

Laut dem Volksmund ist Spinat so gesund, dass er die halbe Apotheke ersetzen kann.

Bereits acht Wochen nach der Aussaat wird die Mühe mit frischen Spinatblättern belohnt.

In diesem nach den Regeln der Mischkultur bepflanzten Beet erweisen sich Kohl, Lauch, Möhren und Salat als gute Nachbarn, die sich gegenseitig gesund halten.

Hülsenfrüchte

DICKE BOHNE *(Vicia faba var. faba)*

Die Dicke Bohne ist auch als Puff- oder Saubohne oder Ackerbohne bekannt und stammt vermutlich aus Vorder- und Zentralasien, allerdings lassen sich ihre Vorfahren nicht mehr genau bestimmen. Sie wurde in Europa bereits in vorchristlicher Zeit genutzt und war im deutschen Raum bis zur Einführung der Kartoffel und der Gartenbohne eines der wichtigsten Grundnahrungsmittel. Danach fristete der einjährige Schmetterlingsblütler sein Dasein in erster Linie als Viehfutter, und das zu Unrecht, denn die zarten, weißlich grünen Kerne ergeben köstliche und sehr gesunde Eintopfgerichte. Bohnen gehören zu den eiweißreichsten Gemüsearten überhaupt und sollten vor allem bei Vegetariern regelmäßig auf dem Speisezettel stehen.

Anbau Dicke Bohnen können bereits Anfang März in den gut mit Kompost versorgten Boden gesät werden. Bohnen und Erbsen zählen zu den Leguminosen. An ihren Wurzeln siedeln sich Bakterien an, die Stickstoff sammeln und der Pflanze zur Verfügung stellen. Dadurch werden die Pflanzen unabhängig vom Nitratgehalt des Bodens und können auch in extrem stickstoffarmen Böden gut existieren. Diese Nutzpflanzen sind aufgrund ihres außerordentlich hohen Eiweiß-, Vitamin- und Mineralstoffgehalts also nicht nur überaus wertvoll für den Menschen, sondern auch für den Boden, denn sie geben ihm Stickstoff zurück, sind also eine Art Gründüngung und tragen so zur Fruchtbarkeit des Bodens bei. Nach der Ernte sollte man die Wurzeln der Pflanzen als natürliche Stickstoffanreicherung im Boden lassen. Durch die tief ins Erdreich eindringenden Wurzeln der Dicken Bohne wird der Boden außerdem gut für die Nachfrucht gelockert.

Ernte Die Ernte beginnt Ende Mai und ist bis Ende Juni abgeschlossen. Geerntet werden die ganzen Hülsen, wenn sich Kerne abzeichnen. Die Kerne werden dann aus den Hülsen ausgelöst.

Verarbeitung Verarbeitet werden lediglich die frischen Kerne. Sie werden gekocht oder eingefroren. Dicke Bohnen sind in der Regel Bestandteil deftiger Mahlzeiten. Blanchiert und kombiniert mit Kräutern und weiterem Gemüse ergeben sie aber auch delikate, leichte Gerichte.

Sorten Die 'Dreifach Weiße' besticht mit reinweißen Blüten und Kernen. 'Piccola' ist sehr ertragreich mit feinen grünen Kernen und langen schmalen Hülsen. Die Delikatesssorte 'Perla' zeichnet sich durch einen besonders aromatischen Geschmack aus, und die Sorte 'Karmesin' verzückt darüber hinaus mit rotvioletten Blüten.

Medizinische Wirkung Die Kerne der Dicken Bohne enthalten bis zu 25 Prozent Eiweiß. Zudem sind Dicke Bohnen reich an Vitamin A, B_1, B_2 und C sowie Mineralstoffen wie Calcium, Kalium, Eisen und Magnesium. Sekundäre Pflanzenstoffe wie Saponine und Phytosterine senken das Krebsrisiko und den Cholesterinspiegel. Darüber hinaus enthalten Dicke Bohnen Kohlenhydrate und sind ausgesprochen nährstoffreich. Menschen, die an dem Enzymmangel Favismus leiden, dürfen allerdings keine Dicken Bohnen essen.

ERBSE *(Pisum sativum)*

Die Heimat der Erbse lässt sich nicht mehr mit Sicherheit feststellen. Vermutlich stammt sie von einer Wildart ab, die vom östlichen Mittelmeerraum bis Vorderasien vorkommt. Von dort verbreitete sie sich ins übrige Mittelmeergebiet und nach Nordafrika. Erwiesen ist, dass sie den Griechen, Römern und Germanen wohlbekannt und teuer war. Im Altertum galten Erbsen als Delikatesse und wurden nur auserwählten Gästen serviert. Die Germanen opferten Erbsen ihren Göttern.

Bis zum Mittelalter wurde der einjährige Schmetterlingsblütler nur als Trockenerbse genutzt. Erst im 15. Jahrhundert begann man die frischen grünen Samen zu verzehren. Doch galten die Erbsen nach wie vor als überaus vornehmes Gemüse, das nur den adeligen Kreisen vorbehalten war. In England soll gar im Jahr 1433 per Gerichtsbeschluss entschieden worden sein, dass für den Genuss von Erbsen mindestens der Titel eines Barons erforderlich sei.

Als Tiefkühlgemüse stehen Erbsen heute jederzeit und jedermann zur Verfügung. Dennoch geht nichts über den Genuss frisch gepalter Erbsen aus dem eigenen Garten. Neben diesen sogenannten Markerbsen, die nur schmecken, solange sie jung sind, gibt es noch die sogenannten Schalerbsen, die nicht frisch verzehrt werden, sondern zu Trockenerbsen ausreifen, und die Zuckererbsen.

Anbau Im Hausgarten werden heute fast ausschließlich Mark- und Zuckererbsen angebaut. Sie sind recht kälteempfindlich und werden erst ab Mitte April gesät, wenn der

Gartenerbsen müssen nicht immer grün sein. Es gibt auch violettfarbene Schoten wie bei der Markerbse 'Kapuziner'.

Frisch gepalte Erbsen schmecken köstlich und sind auch ein wertvoller Eiweißlieferant.

Boden schon etwas erwärmt ist. Außer einem mit Kompost versorgten Beet benötigen Erbsen keine weiteren Düngegaben. Hohe Sorten werden durch Reiser oder Maschendraht gestützt. Je nach Sorte und Klima kann man nach zwei bis drei Monaten ernten.

Ernte Markerbsen erntet man, wenn sie schön prall sind, bei den Zuckererbsen oder Zuckerschoten werden die flachen jungen Hülsen gepflückt, die auch als solche zubereitet und verzehrt werden. Da sich die Qualität überständiger Früchte sehr schnell verschlechtert, muss laufend geerntet werden. Bei den Zuckererbsen sollten sich die Kerne leicht in den Hülsen abzeichnen. Schalerbsen werden erst geerntet, wenn die Hülsen trocken sind.

Verarbeitung Frische Erbsen sind eine Köstlichkeit und ergeben wunderbare Suppen und Gemüsebeilagen. Im Kühlschrank halten sich Erbsen zwei, drei Tage lang. Zur Haltbarmachung friert man sie am besten ein. Bei Zuckererbsen werden in der Regel die unausgereiften Hülsen im Ganzen roh oder kurz gegart gegessen. Die Körner der Palerbsen werden nach der Ernte aus den Hülsen genommen, trocknen noch einige Zeit nach und werden dann in luftige Beutel gefüllt, in denen sie jahrelang aufbewahrt werden können.

Sorten Die 'Kleine Rheinländerin' ist eine bewährte Palerbse, die niedrig bleibt und gute Erträge garantiert. 'Alderman' ist eine beliebte, sehr ertragreiche Markerbse, die mannshoch wächst und sehr süße Körner trägt. Auch die Markerbse 'Blauschocker' wird bis zu zwei Meter hoch und besticht mit blauen Hülsen und graugrünen Körnern. 'Wunder von Kelvedon' ist eine alte, mittelhoch wachsende Markerbse. Unter den Zuckererbsen ist 'Norli' eine bewährte, klein bleibende Sorte, und die neue Sorte 'Zuccola' bringt auch in regenreichen Sommern saftig-süße Hülsen hervor.

Medizinische Wirkung Erbsen enthalten viele Mineralstoffe wie Kalium, Magnesium und Eisen und zählen zu den Gemüsearten mit dem höchsten pflanzlichen Eiweiß. Sie enthalten viel Zucker, Vitamin E, die Vitamine der B-Gruppe und Lecithin. Sekundäre Pflanzenstoffe wie Saponine und Phytosterine senken das Krebsrisiko und den Cholesterinspiegel.

GARTENBOHNE *(Phaesolus vulgaris)*

Die Urform der Gartenbohne stammt aus Süd- und Mittelamerika. Archäologische Funde weisen darauf hin, dass Bohnen dort bereits 3000 v. Chr. eine wichtige Nahrungsquelle waren. Später wurden sie von den Azteken, Mayas und Inkas in großem Stil kultiviert. Im 16. Jahrhundert brachten spanische Entdecker diese Bohnenform nach Europa. Aus der Stammform haben sich dann im Wesentlichen zwei Varietäten herausgebildet: die Stangenbohne *(Phaesolus vulgaris* var. *vulgaris)*, die drei bis vier Meter in die Höhe wächst und eine Kletterhilfe benötigt, und die Buschbohne *(Phaesolus vulgaris* var. *nanus)*. Sie wächst eher buschig und wird nur etwa einen halben Meter hoch. Beide teilen sich wiederum in eine Unmenge verschiedener Sorten auf. Es gibt blaugrüne, grüne und blassgelbe Hülsen, gescheckte, marmorierte und gestreifte. Diese bunte Vielfalt schlägt sich in den Supermarktauslagen überhaupt nicht nieder. Wie bei vielen Obst- und Gemüsearten sind die variationsreichen Landsorten von wenigen modernen, überwiegend grünen Züchtungen verdrängt worden.

Sowohl die Hülsen als auch die Kerne des Schmetterlingsblütlers können verzehrt werden. Allerdings dürfen Bohnen nie roh gegessen werden, denn sie enthalten das Gift Phasin, das erst beim Kochen abgebaut wird.

Im Garten bringt ein Spalier aus Stangenbohnen Struktur in das Gemüsebeet. Weil sie in die Höhe wachsen, finden die schmucken Ranker auch noch im kleinsten Garten und auch in ausreichend großen Gefäßen Platz. Stangenbohnen können als Sichtschutz eingesetzt werden und zaubern in der Rabatte mit Dahlien und Sonnenblumen die schönsten Spätsommerimpressionen. Dazu bieten sich besonders Feuerbohnen an. Sie blühen leuchtend rot, wachsen auch in kühleren Lagen und tragen viele leckere Hülsen.

Anbau Gartenbohnen sind kälteempfindlicher als Dicke Bohnen und werden erst nach den letzten Frösten im Mai ausgesät. Sie lieben einen humosen, leichten Boden in windgeschützter sonniger Lage. Buschbohnen gedeihen auch im Halbschatten. Es reicht aus, den Boden vor der Aussaat mit Kompost zu versorgen. Bohnen wollen nach einer alten Regel »die Glocken läuten hören«. Daher sollten die Samen nur etwa zwei bis drei Zentimeter tief ausgesät werden. Bohnenkraut in der Nachbarschaft hält Läuse weitgehend fern.

Ernte Je nach Sorte werden Bohnenhülsen oder Bohnenkerne geerntet. Buschbohnen müssen regelmäßig durchgepflückt werden. Erntereif sind sie, bevor sich die Bohnen deutlich durch die Hülse abzeichnen. Lässt man sie länger an den Pflanzen, bilden sich

Portionsweise und frisch aus dem Garten geerntet, schmecken Gartenbohnen am besten.

unangenehme Fäden an den Nahtstellen der Hülsen. Damit laufend Früchte nachwachsen, werden die erntefrischen Bohnen vorsichtig abgepflückt und nicht abgerissen. Auskernbohnen bleiben so lange wie möglich hängen, am besten, bis die Hülsen braun und trocken sind. Im Haus lässt man sie dann noch mindestens zwei Wochen lang nachtrocknen.

Verarbeitung Bohnen müssen vor dem Verzehr immer gegart werden. Zur Haltbarmachung blanchiert man sie kurz und friert sie dann ein. Aus Bohnen und ihren Kernen kann man Gemüse, Eintöpfe oder Suppen zubereiten sowie Salate Die Kerne kann man in trockenem Zustand lange Zeit aufbewahren.

Sorten Die Stangenbohne 'Blauhilde' ist früh reif und lässt sich wegen der sichtbar blauen Hülsen leicht ernten. Das Blau verblasst beim Kochen. 'Haricot Rames Œil de Perdrix' ist eine spät reifende Trockenbohne mit zartem Maronenaroma. Borlotti-Bohnen sind zurzeit sehr begehrt. Es gibt sie als Busch- und Stangenbohnen mit aparten rötlichgelb marmorierten Hülsen. Gegessen werden die Kerne. Die Stangenbohne 'Berner Landfrauen' ist eine robuste Schweizer Sorte mit kräftigem Geschmack. Ihre grünen Hülsen sind violett gesprenkelt und können wie die bunten Kerne gegessen werden. 'Türkische Erbse' ist, anders als der Name vermuten lässt, eine sehr kälteresistente Stangenbohne aus Norddeutschland. Ihre frischen Hülsen sind unverzichtbar für das Gericht »Birnen, Bohnen und Speck«. 'Goldimmens' ist eine Buschbohne mit leuchtend gelben Hülsen. Äußerst ertragreich ist die altbewährte grüne Buschbohne 'Saxa', deren Hülsen sich gut für Salat eignen.

Medizinische Wirkung Wie Dicke Bohnen warten auch Gartenbohnen mit einem hohen Eiweißgehalt auf. Zudem enthalten Bohnen Kohlenhydrate, Vitamine, Mineral- und Ballaststoffe. Sekundäre Pflanzenstoffe wie Saponine und Phytosterine senken den Cholesterinspiegel und das Risiko, an Krebs zu erkranken.

Blumenkohl benötigt ausreichend Platz im Beet. Damit die Blüten ihre typische Blässe bewahren, empfiehlt es sich, sie bei starker Sonneneinstrahlung abzudecken.

Kohlgewächse

BLUMENKOHL

(Brassica oleracea var. botrytis)

Blumenkohl sieht im Garten edel aus, gilt aber auch in der Kultur als eine der anspruchsvollsten Gemüsearten überhaupt. In seiner Wildform stammt Blumenkohl aus dem Orient und wurde bereits in der Antike geschätzt. In Europa ist er indes erst seit 300 Jahren bekannt. Nachdem im 17. Jahrhundert Samen von Zypern und Kreta nach Italien gekommen waren, eroberte das hübsche und delikate Gemüse den Kontinent. Der Kreuzblütler gehört zu den wenigen Gemüsearten, bei denen die Blüten beziehungsweise der Blütenstand gegessen wird.

Anbau Frühe Sorten können bereits ab Januar im geheizten Gewächshaus vorgezogen werden. Spätere Sorten kann man im Mai direkt ins Freiland säen. Ein bisschen Fingerspitzengefühl erfordert die stets gleichbleibende Zufuhr von Nährstoffen und Wasser, denn Blumenkohl darf niemals in seinem Wachstum stocken und ist wie alle Mitglieder seiner Familie ein Starkzehrer. Bei zu heftiger Sonneneinstrahlung im Hochsommer müssen die Blüten zudem abgedeckt werden, damit sie ihre vornehme Blässe bewahren. Blumenkohl gedeiht gut in der Gesellschaft von Sellerie, dessen strenger Geruch den Kohlweißling fernhält.

Ernte Bei früher Aussaat beginnt die Ernte schon im August, bei späten Kulturen im Oktober. Auf jeden Fall müssen die Blüten fest geschlossen sein.

Verarbeitung Blumenkohl lässt sich im Kühlschrank einige Tage lagern, sollte aber möglichst rasch verarbeitet werden. Frisch gedünstet ergibt er eine köstliche Gemüsebeilage und eignet sich für Aufläufe. Will man ihn länger konservieren, kann man die kleinen Röschen kurz blanchieren und einfrieren. Bissfest gegart lassen sie sich aber auch gut in Essig einlegen und ergeben mit Möhren, Perlzwiebeln oder grünen Bohnen delikate Mixed Pickles.

Sorten 'Erfurter Zwerg' ist eine bewährte frühe Sorte. 'Graffiti violett' ist eine späte, lilafarbene Variante, die dem Brokkoli ähnelt und ein intensiveres Aroma hat als die traditionelle weiße Form. 'Cheddar F 1' ist eine Neuzüchtung mit aparten orangefarbenen Blüten, die besonders viel Provitamin A enthalten. Mit hellgrünen, pagodenförmigen Köpfen wartet die späte Sorte 'Shannon' auf. Sie ist auch unter dem Namen Romanesco bekannt.

Medizinische Wirkung Blumenkohl ist reich an Vitamin C, Calcium und Phosphor und dem sekundären Pflanzenstoff Glucosinolat, der das Risiko für bestimmte Krebserkrankungen senkt.

BROKKOLI *(Brassica oleracea var. italica)*

Anbau Brokkoli ist eine grüne Variante des Blumenkohls und wird genauso kultiviert. Im Gegensatz zum Blumenkohl ist Brokkoli allerdings kältetoleranter. Er eignet sich auch für kleine Gärten, weil die bläulich grünen, lockeren Röschen immer wieder nachwachsen und wenige Pflanzen somit schon viel Ertrag bringen.

Ernte Brokkoli wird geerntet, wenn die Blütenknospen erkennbar, aber noch nicht geöffnet sind. Dies kann je nach Sorte bereits im Juli so weit sein, bei anderen Sorten erst im Herbst. Bei zu später Ernte sehen die Köpfchen gelblich aus, und die Stiele beginnen zu verholzen. Der feine, typische Geschmack geht dann verloren.

Verarbeitung Beim Brokkoli lassen sich nicht allein die zarten Röschen verarbeiten, sondern auch die Stängel, die man wie Spargel zubereitet. Um die wertvollen Inhaltsstoffe zu bewahren, sollte man Brokkoli nur dämpfen oder kurz kochen. Wenn er im Überfluss reift, lässt er sich kurz blanchiert auch gut einfrieren.

Sorten Der bekannteste und ertragreichste Brokkoli ist die grünblaue Sorte 'Calabrese'. Sie bildet neben der großen Hauptblume auch zahlreiche Seitentriebe.

Nicht nur die Knollen der Kohlrabi schmecken und sind reich an Mineralstoffen, sondern auch die Blätter.

Im klassischen Altertum galt Kohl als der Arzt der Armen.

Medizinische Wirkung Brokkoli enthält wesentlich mehr Vitamin A und Vitamin C als Blumenkohl. Darüber hinaus ist er reich an Mineral- und Ballaststoffen sowie Glucosinolaten und Carotinoiden als sekundäre Pflanzenstoffe.

KOHLRABI *(Brassica oleracea var. gongylodes)*

Kohlrabi sind die Leichtgewichte in der ansonsten eher schwergewichtigen Kohlfamilie. Die genaue Herkunft des Kreuzblütlers ist nicht ganz geklärt. In Kräuterbüchern wurde er in Europa erstmals im 16. Jahrhundert gesichert dokumentiert. Zwar taucht der Name Kohlrabi im 9. Jahrhundert auch in der Landgüterverordnung Karls des Großen auf, aber ob es sich dabei tatsächlich um das uns heute bekannte Gemüse handelt, steht nicht hundertprozentig fest. Im 19. Jahrhundert wurden Kohlrabi in Deutschland verstärkt angebaut, weshalb der deutsche Name in etliche andere Sprachen übernommen wurde.

Anbau Kohlrabi können ab April ins Freiland ausgesät werden. Sie sind nicht ganz so nährstoffbedürftig wie die übrigen Mitglieder der Gattung *Brassica* und wollen vor allem ausreichend gegossen werden, da ihre Früchte sonst verholzen. Eine kontinuierliche Feuchtigkeit verhindert auch das Aufplatzen der Knollen. Die Vegetationszeit ist mit acht bis zehn Wochen relativ kurz. Daher können Kohlrabi gut als Nachfrucht nach abgeernteten Arten eingesetzt werden. Gute Nachbarn sind Salat, Bohnen, Sellerie und Radieschen.

Ernte Die Knollen erntet man, sobald sie ihre endgültige Größe erreicht haben (dafür Information auf dem Samentütchen beachten), da sie sonst leicht holzig werden.

Verarbeitung Kohlrabi sollten möglichst direkt nach der Ernte verarbeitet werden. Konservieren lässt sich das Gemüse am besten, wenn es kurz blanchiert und anschließend eingefroren wird. Gekocht sind Kohlrabi ein delikates Gemüse. Die Knollen schmecken aber auch roh ganz wunderbar und geben so am besten die wertvollen Inhaltsstoffe weiter. In der Regel werden nur die Knollen verwertet, was ein großer Fehler ist. Denn viele der Inhaltsstoffe sind in den Blättern enthalten. Sie können mitgegart oder gehackt wie Kräuter über das Kohlrabigemüse oder über den Salat gestreut werden.

Sorten Die grüne Sorte 'Lanro' bleibt zart und neigt nicht zum Verholzen. 'Azur Star' ist ein früh reifender, blauer Kohlrabi. 'Superschmelz' wächst langsam, entwickelt dafür aber sehr große, äußerst aromatische Knollen, die aber viel Platz im Garten beanspruchen.

Medizinische Wirkung Kohlrabi enthalten reichlich Vitamin C und viele Mineralstoffe und wie alle Kohlsorten Glucosinolate. Vor allem die zarten Blätter sind reich an Eisen.

KOPFKOHL *(Brassica oleracea)*

Die heute in so vielerlei Farben und Formen daherkommenden Arten und Sorten der großen Kohlfamilie stammen von einer einzigen bescheidenen Wildpflanze ab, von *Brassica oleracea* var. *silvestris*. Bereits im antiken Rom wurde Kohl hoch geschätzt, allerdings weniger als Nahrungs- denn als Heilmittel. Im klassischen Altertum und im Mittelalter galt der Kreuzblütler als »Arzt der Armen«, dessen medizinischer Wirkung ganze Bücher gewidmet waren. Und mit unserem heutigen Wissen um die Inhaltsstoffe des Kohls lagen unsere Urahnen da gar nicht so falsch.

Nördlich der Alpen wurde die Kultur von Gemüsekohl erst seit dem frühen Mittelalter eindeutig belegt. In der Landgüterverordnung Karls des Großen aus dem Jahre 812 n. Chr. finden sich zwei Arten, nämlich »Ravacaulos« und »Caulos«, was für gewöhnlich als Kohlrabi und Kohl gedeutet wird. Auch in der um die Mitte des 12. Jahrhunderts entstandenen »Physica« der Hildegard von Bingen sowie in den Aufzeichnungen des Gelehrten und Bischofs Albertus Magnus aus dem 13. Jahrhundert findet Kohl Erwähnung. Die Schriften geben allerdings keine Auskunft über die damals vorhandenen Kulturformen.

Bei der großen Auswahl verschiedener Kohlarten findet sich heute für jede Gartengröße und für jeden Geschmack die geeignete Varietät. Gerade die großen Kopfkohlarten, also Weißkohl, Rotkohl oder Wirsing, sind sehr

nährstoffbedürftig und beanspruchen viel Platz. Allerdings sind die malerischen, rosettenartig angeordneten Köpfe eine solche Zierde, dass man den einen oder anderen Kohlkopf auch mal im Blumenbeet unterbringen kann. Aber auch in Reihen oder zu ornamentalen Mustern gesetzt ist Kohl im Garten eine Augenweide. Eine Einfassung aus Kräutern wie Kamille, Dill oder Kümmel verbessert das Aroma. Gute Nachbarn sind auch Tomaten, Sellerie und Lauch.

Anbau Kopfkohlpflanzen kommen in der Regel ab Anfang Mai als Setzlinge ins Beet, die man im Fachhandel kaufen kann. Kohl lässt sich aber auch leicht selber aussäen. Dazu sät man ihn ab März ins Frühbeet und pflanzt ihn ab Mai ins Freiland.

Ernte Frühe Kohlsorten sind bereits im Juni reif und müssen frisch verarbeitet werden, denn sie sind nicht lange lagerfähig. Späte Sorten werden im November geerntet und lassen sich in einem kühlen Raum einige Wochen lang aufbewahren.

Verarbeitung Gedünstet und geschmort ist Kohl eine gesunde Gemüsebeilage, ergibt

REZEPT

Sauerkraut selber machen

Sauerkraut ist nicht nur äußerst delikat, sondern wird auch seit Jahrhunderten als Heilmittel eingesetzt. Pfarrer Kneipp, berühmt für seine Naturheilverfahren, lobte es im 19. Jahrhundert als »Besen für Magen und Darm«.

Zutaten für 5 Gläser à 1l:

2,5 kg Weißkohl
2 säuerliche Äpfel
1 TL Wacholderbeeren
1 TL Kümmel
30 g Salz
150 ml trockener Weißwein.

Zunächst den Weißkohl waschen, die Strünke herausschneiden und grob reiben. Äpfel waschen, vierteln und in dünne Scheiben schneiden. Den Kohl mit den Gewürzen und dem Salz mischen und kräftig mit der Hand kneten, bis Saft auszutreten beginnt. Ein Drittel des Kohls mit dem Saft in saubere Schraubgläser verteilen, einige Apfelscheiben zugeben und die nächste Schicht Kohl hinzufügen. Wieder Apfelscheiben zufügen, das letzte Drittel Kohl darauf verteilen und den Wein darübergeben. Gläser nur zu vier Fünftel füllen. Die ausgetretene Flüssigkeit soll den Kohl bedecken. Gläser verschließen und an einem warmen Ort vier bis sechs Wochen gären lassen. Da beim Kochen viele gesunde Inhaltsstoffe des Sauerkrauts verloren gehen, ist es roh gegessen am gesündesten.

Mit seinen schmalen dunkelgrünen Blättern ist der Palmkohl eine Zierde im Beet.

REZEPT

Kohlwickel

Kohlkopfblätter von der Mittelrippe befreien und mit einem Nudelholz walzen. Die Blätter überlappend auf das schmerzende Gelenk legen oder um den schmerzenden Hals wickeln und mit einer Mullbinde fixieren. Mehrere Stunden, am besten über Nacht, auf der schmerzenden Stelle belassen.

aber auch deftige Eintopfgerichte. Weißkohl wird geraspelt auch roh für Salate und Rohkostgerichte verwendet. Durch ein besonderes Milchsäuregärungsverfahren kann Weißkohl zu Sauerkraut verarbeitet werden, das eine wertvolle Vitamin-C-Quelle darstellt. Die Herstellung ist entgegen vielfacher Annahme keine Erfindung der Deutschen, sondern der Chinesen.

Sorten 'Dithmarscher Früher' ist ein früher Weißkohl, die späten Sorten 'Marner Lagerweiß' und 'Amager' lassen sich gut lagern. 'Frührot' ist ein früher Rotkohl, die Sorte 'Herbstrot' ist später erntereif. 'Dauerwirsing' hat einen fest geschlossenen Kopf und lässt sich gut lagern.

Medizinische Wirkung Kohl ist reich an allen wichtigen Vitaminen, vor allem Vitamin C, aber auch Vitamin B6 und E. Darüber hinaus enthält er Ballast- und Mineralstoffe wie Kalium und Calcium und Glucosinolate als sekundären Pflanzenstoff. Ein Wickel aus Kohlblättern lindert seit alters her Halsschmerzen.

PALMKOHL *(Brassica oleracea var. palmifolia)*

Palmkohl ist die italienische Variante des Grünkohls und nicht nur ein Zugewinn für die Küche, sondern auch für das Blumenbeet und die Kultur auf Balkon und Terrasse. Mit seinem hohen Wuchs und den langen schmalen dunkelgrünen Blättern ist der Kreuzblütler eine Zierde, die bis weit in den Herbst hinein Akzente setzt. Auch geschmacklich ist der Palmkohl kaum zu überbieten, sodass er bei Erntereife vermutlich rasch den Weg vom Garten in den Kochtopf antreten wird.

Anbau Palmkohl wird nach den letzten Frösten im Mai ausgesät und benötigt wie alle Kohlarten einen nährstoffreichen, humosen Boden in möglichst sonniger Lage.

Ernte Palmkohl ist frostempfindlich und sollte bis spätestens Ende Oktober geerntet werden. Die Blätter werden wie beim Pflücksalat nach und nach abgezupft.

Verarbeitung Palmkohl verarbeitet man am besten frisch. Konserviert hält er sich, wenn man ihn kurz blanchiert und dann einfriert. Die fein geschnittenen Blätter werden wie Grünkohl oder Wirsing zubereitet. Man kann sie außer gegart aber auch für Salate verwenden.

Sorten Am bekanntesten und beliebtesten ist die alte italienische Sorte 'Nero di Toscana' mit blaugrünen Blättern und palmenartigem Wuchs.

Medizinische Wirkung Palmkohl enthält viel Vitamin C, Ballaststoffe und Carotinoide.

REZEPT

Knoblauchsirup gegen Erkältungen

Zutaten:

2 Knoblauchzehen
500 ml Wasser
Saft einer Zitrone
4 TL Honig

Die Knoblauchzehe schälen und zerdrücken und mit dem Wasser in einen Topf geben. Aufkochen und dann etwa 15 Minuten köcheln lassen. Den Topf mit dem Deckel verschließen, damit die Flüssigkeit nicht verdunstet. Zitronensaft und Honig hinzugeben und weitere zwei Minuten köcheln lassen. Topf vom Herd nehmen, Sirup abkühlen lassen und durch ein Sieb in eine verschließbare Flasche füllen. Knoblauchsirup ist ein wirksames Mittel gegen Erkältungen und hält sich im Kühlschrank bis zu drei Wochen.

Lauchgemüse

KNOBLAUCH *(Allium sativum)*

Knoblauch stammt aus den Steppen Innerasiens und »wanderte« über den Vorderen Orient und den Balkan bis nach Westeuropa. Von den Galliern und Germanen wurde seine würzende und gesundheitsfördernde Wirkung geschätzt, lange bevor die römische Invasion einsetzte. Knoblauch ist eine der ältesten Arzneipflanzen überhaupt und wird in allen Hochkulturen erwähnt. Bereits die Menschen der Steinzeit verwendeten ihn. Griechen und Römer gaben ihren Soldaten Knoblauch zur Kräftigung, und der Prophet Mohammed empfahl ihn als Mittel gegen Schlangenbisse. Alle überlieferten Wissenschaftler, von Plinius dem Älteren und Dioskurides über Hildegard von Bingen und Albertus Magnus bis hin zu Paracelsus, dem berühmten Arzt und Mystiker aus dem 16. Jahrhundert, widmeten der Pflanze breiten Raum in ihren Werken.

Dem Aberglauben nach kann man mit dem Liliengewächs Dämonen, böse Geister oder Vampire vertreiben. Das hängt vermutlich mit seinem wahrhaft atemberaubenden Aroma zusammen, das von seinem hohen Gehalt an schwefelhaltigen ätherischen Ölen herrührt. Deren duftende Auswirkungen auf den menschlichen Körper sind bei uns nach wie vor unerwünscht, und so wird Knoblauch hierzulande meist sparsam dosiert und höchstens als geschmacksgebende Zutat verwendet, während er in manchen Ländern auch als Gemüse gegessen wird.

Anbau Knoblauch ist eine mehrjährige Pflanze, die wie viele Zwiebelgewächse über Winter einzieht und im Frühjahr wieder austreibt. Er wird aber in der Regel einjährig kultiviert. Als ein typischer Bewohner südeuropäischer und orientalischer Länder liebt der Knoblauch warme, leichte Böden in voller Sonne.

Porree ist ein köstliches Wintergemüse, das uns während der kalten Jahreszeit bis ins Frühjahr mit wertvollen Vitaminen und Mineralstoffen versorgt.

Als Saatgut verwendet man die Zehen, die ab März im Freiland gesteckt werden. Knoblauch braucht dafür kein eigenes Beet. Man kann ihn den Rosen zur Seite pflanzen, die er weitgehend vor Läusen schützt, oder zwischen Erdbeeren und anderen Pflanzen im Nutzgarten platzieren. Darüber hinaus wirkt er vorbeugend gegen Pilzkrankheiten.

Ernte Knoblauch wird geerntet, wenn das Laub gelb und trocken wird, also zwischen Juli und August.

Verarbeitung Man kann Knoblauch zu dekorativen Zöpfen flechten und so zum Trocknen aufhängen. Danach sollte er an einem dunklen, trockenen Ort gelagert werden. Die Zehen werden bei uns vornehmlich zum Würzen verwendet. Vor allem viele mediterrane und asiatische Gerichte kommen ohne Knoblauch nicht aus.

Medizinische Wirkung Knoblauch ist reich an Vitaminen und Mineralstoffen und zählt zu den besten Vorbeugungsmitteln gegen Arteriosklerose. Zudem besitzt er eine antibiotische, blutdruck- und cholesterinsenkende Wirkung, die vor allem auf die in der Pflanze enthaltenen ätherischen Öle zurückzuführen ist. Die Schwefelverbindung Allicin wirkt zudem antibakteriell und soll sogar vor Krebs schützen. Zumindest stärkt sie ganz allgemein die Immunabwehr. Um das wertvolle Allicin für den eigenen Körper nutzbar zu machen, muss man die Zehen allerdings zerdrücken oder durchpressen, schneiden allein scheint nicht zu reichen.

PORREE *(Allium porrum)*

Porree oder Lauch ist vermutlich die Zuchtform des im Mittelmeerraum wachsenden Sommerlauchs. Er wurde bereits im alten Ägypten, dem antiken Griechenland und im Römischen Reich kultiviert und ist hierzulande vor allem ein wertvolles Wintergemüse.

Anbau Porree ist im Garten ein bisschen anspruchsvoller als seine Verwandten Zwiebel und Knoblauch. Er benötigt einen nährstoffreichen, tiefgründigen Boden, der im Herbst mit Kompost angereichert wurde. Die Aussaat erfolgt ab März im Frühbeet und für den Winterverbrauch noch einmal von Mai bis Juni. Gepflanzt wird in Furchen, wobei Blätter und Wurzeln vor dem Pflanzen leicht gestutzt werden. Damit Porree die begehrten hohen weißen Schäfte entwickelt, werden die Furchen nach und nach zugeschüttet. Später werden die Pflanzen noch zusätzlich angehäufelt. Es muss stets für genügend Feuchtigkeit gesorgt werden. Gute Nachbarn in der Mischkultur sind Möhren, Tomaten und Kohl.

Ernte Je nach Aussaatzeit und Sorte kann man ab Herbst bis ins Frühjahr hinein Porree ernten. In sehr rauen Lagen mit lange gefrorenem Boden sollte er mit Reisig oder Vlies abgedeckt werden.

Verarbeitung Porree wird am besten frisch verarbeitet und ergibt gedünstet ein wunderbares Gemüse sowie köstliche Suppen, Aufläufe und Quiches. Zum Konservieren kann man ihn in Ringe schneiden, kurz blanchieren und einfrieren.

Sorten 'Bavaria' ist eine frühe, schnell wachsende Sorte für die Herbsternte und nicht zuverlässig winterhart. Absolut winterhart sind dagegen die späten Sorten 'Blaugrüner Winter' und 'Genita'.

Medizinische Wirkung Porree ist vor allem reich an den Mineralstoffen Calcium und Magnesium sowie Vitamin E und Allicin. Er fördert die Verdauung und regt den Kreislauf an.

ZWIEBEL *(Allium cepa)*

Zwiebeln zählen zu den ältesten Kulturpflanzen der Erde. Sie werden bereits 3000 v. Chr. in ägyptischen Schriften erwähnt und gehörten zum Speiseplan der Pyramidenbauer. Auch bei den Griechen und Römern waren sie bekannt und beliebt, denn die vielen wertvollen Inhaltsstoffe sind der Gesundheit ausgesprochen zuträglich. Einziger Nachteil: Wie fast alle etwa 700 Vertreter der Gattung *Allium* verströmen vor allem Zwiebeln einen starken, von vielen als unangenehm empfundenen Geruch, hervorgerufen durch die Schwefelverbindung Allicin. Allerdings ist Allicin für die gesundheitsfördernden

Vor allem der untere, weiße Teil der Porreestange ist zart und schmeckt äußerst delikat.

Haselnussgroße Steckzwiebeln werden am besten in akkuraten Reihen gesetzt.

Eigenschaften der essbaren Exemplare dieser Liliengewächse verantwortlich. Die Speisezwiebel stammt ursprünglich aus Mittelasien und hat sich von dort nach Vorderasien und in den Mittelmeerraum ausgebreitet. Über die Alpen kam sie vermutlich mit den Römern, aber erst seit dem Mittelalter fand sie hierzulande nachweislich größere Verbreitung. Es gibt mehrere Zwiebelsorten, wobei die gelben mit der hellbraunen Schale am meisten verbreitet sind. Weiße Zwiebeln sind hauptsächlich in Italien beliebt, die roten bieten sich für Farbspiele auf dem Teller an, die dicken Gemüsezwiebeln sind besonders mild.

Anbau Zwiebeln benötigen einen lockeren, humusreichen, möglichst warmen Boden in voller Sonne. Ab Mitte März kann man sie aussäen, weniger aufwendig ist allerdings die Kultur mit Steckzwiebeln, die in milden Gegenden im Herbst, sonst auch im Frühjahr ins Beet kommen. Eine Kompostgabe reicht als Düngung in der Regel vollkommen aus. Die klassische Mischkultur-Partnerin ist die Möhre. Beide Gemüsearten vertreiben sich gegenseitig die Zwiebel- und die Möhrenfliege.

Ernte Zwiebeln sind reif, wenn das Laub vergilbt. Das ist bei Steckzwiebeln frühestens Ende Juli der Fall, bei Saatzwiebeln oft erst im September. Man erntet bei trockenem, nicht zu heißem, aber sonnigem Wetter und lässt die Zwiebeln dann noch einige Tage offen liegen, damit sie gut trocknen.

Verarbeitung Nach der Ernte werden die Erdreste und losen Schalen entfernt. Dann werden die Zwiebeln gebündelt und an einem kühlen, luftigen Ort aufgehängt. Für die weitere Lagerung im Herbst an einem nicht zu kalten, trockenen und eher dunklen Platz kann das Laub entfernt werden. Zwiebeln sind für sehr viele Zubereitungen in der herzhaften Küche unverzichtbar. Als Hauptgemüse kommen sie vor allem als Zwiebelsuppe oder Zwiebelkuchen auf den Tisch.

Sorten Die 'Braunschweiger Blutrote' ist eine plattrunde, rote, festfleischige Sorte, die sich bestens lagern lässt. Das Fleisch ist zunächst weiß, wird jedoch bei der Ausreife leicht rötlich. 'Stuttgarter Riesen' ist eine sehr große, dunkelgelbe Zwiebel mit reinweißem Fleisch, mittelspäter Reife und guter Haltbarkeit für den Winter. Die beliebteste gelbe Zwiebel ist die runde 'Zittauer Gelbe'. 'Weiße Königin' ist eine sehr frühe, kleine, silberweiße Sorte. Bei 'Exhibition' handelt es sich um eine sehr große Gemüsezwiebel mit einem milden Aroma.

Medizinische Wirkung Zwiebeln enthalten neben Vitaminen, Mineralstoffen und Allicin auch eine Reihe von sekundären Pflanzenstoffen wie Flavonoide und Sulfide. Diese sind wirksam gegen schädliche Mikroorganismen, Entzündungen und schützen vor zellschädigenden Einflüssen. Außerdem wird Zwiebeln auch eine vorbeugende Wirkung gegen Krebserkrankungen nachgesagt. Zudem wirken sie sich positiv auf die Verdauung, den Cholesterinspiegel, den Blutdruck und das Immunsystem aus.

REZEPT

Zwiebelsäckchen gegen Ohrenschmerzen

Gegen Ohrenschmerzen helfen seit alters her Zwiebelsäckchen. Dafür schneidet man eine Zwiebel in kleine Stücke, erhitzt sie kurz und wickelt sie dann in ein dünnes Baumwolltuch. Die warme Zwiebelpackung legt man auf das schmerzende Ohr. Das Ganze wird mit einem Schal, einer Mütze oder einem Stirnband fixiert und sollte mindestens eine halbe Stunde einwirken. Dieser Vorgang wird dreimal täglich wiederholt.

Ein Hochbeet ermöglicht rückenschonendes Arbeiten und ist vor allem für Starkzehrer wie Kohl ein nimmermüder Nährstofflieferant.

Salat

ENDIVIE *(Cichorium endivia)*

Die Endivie ist die bekannteste Vertreterin der Zichoriensalate, eine Gruppe leicht bitter schmeckender Kopfsalate, die uns auch noch im Herbst und Winter mit Vitaminen versorgen. Die Urform der Endivie stammt vermutlich aus Indien und war bereits im Altertum bei Ägyptern, Griechen und Römern bekannt. In Frankreich wird sie seit dem 13. Jahrhundert kultiviert, in Deutschland seit dem 16. Jahrhundert. Es gibt glatte und krausblättrige Sorten.

Anbau Die Aussaat von Endivien erfolgt relativ spät im Juli, weil sie sonst schnell schießen und in Blüte gehen.

In das Beet sollte vorher reichlich Kompost eingearbeitet werden. Um den bitteren Geschmack zu reduzieren, kann man den Salat bleichen. Dafür werden die äußeren Blätter zusammengebunden, sodass die inneren Blätter kein Licht mehr bekommen. Auf diese Weise nehmen sie auch die begehrte hellgrüne Farbe an. Das Zusammenbinden muss unbedingt bei trockenem Wetter erfolgen, da Endivien sonst leicht faulen.

Gute Nachbarn im Gemüsebeet sind Fenchel, Lauch und Kohl.

Ernte Drei Monate nach der Saat kann man Endivien ernten. Sie vertragen leichten Frost und sollten so lange wie möglich im Freiland bleiben.

Die letzten Köpfe können samt Wurzeln im Keller in feuchten Sand eingeschlagen werden, wo sie einige Wochen halten.

Verarbeitung Geerntete Endivien sollten wie alle Blattsalate frisch verarbeitet und verzehrt werden, weil sie sich selbst im Kühlschrank nur wenige Tage halten.

Sorten 'Escariol grüner' ist eine großblättrige glatte Endivie, die sich in Sand eingeschlagen lange hält. 'Escariol gelb' mit glatten, gelbgrünen Blättern ist eine robuste Sorte, die auch Regen wegsteckt, ohne zu faulen, und außerdem auch leichten Frost verträgt. Die krausblättrigen Endivien sind auch unter dem Namen Frisée bekannt. Ihre Köpfe sind lockerer als die Escariol-Sorten und äußerst dekorativ. Eine milde, wenig bittere Sorte ist 'Frisée Mylady'.

Medizinische Wirkung Der für den herben Geschmack der Endivie verantwortliche Bitterstoff Intybin regt die Funktion von Galle und Leber an. Zudem enthält die Endivie Vitamin C, Mineralstoffe und Carotinoide.

Eichblatt

Gebleichter Löwenzahn

Radicchio

Endivie

Feldsalat wird am besten in Reihen gesät. Das erleichtert das Schneiden und das Unkrautjäten.

Gesundheit pur: Feldsalat ist eine der wichtigsten pflanzlichen Jodquellen.

FELDSALAT *(Valerianella locusta)*
Botaniker rätseln noch immer, warum der Feldsalat, der auch unter den putzigen Namen Rapunzel und Mauseöhrchen beziehungsweise Vogerlsalat in Österreich bekannt ist, im Winter nicht erfriert. Das Baldriangewächs übersteht Temperaturen bis -15 °C und liefert von Oktober bis Mai ständig frische Blätter. Feldsalat ist in Europa heimisch und wurde hierzulande bis weit in das vergangene Jahrhundert hinein im Herbst und Winter in der freien Natur gesammelt und als Wildgemüse verarbeitet. Erst zu Beginn des 20. Jahrhunderts wurde er in größerem Stile kultiviert, und zwar zunächst in Frankreich, später dann in Süddeutschland, und von dort breitete sich sein Ruf als gesunder winterlicher Lieferant von Vitaminen und Mineralstoffen schließlich Richtung Norden aus.

Feldsalat bildet flache oder aufrecht stehende Rosetten aus runden oder ovalen Blättchen, die angenehm nussig schmecken.

Anbau Feldsalat kann vom Hochsommer an als Nachkultur im Gemüsebeet, aber auch durchaus im Balkonkasten kultiviert werden. Er braucht einen vollsonnigen Platz auf einem nicht zu schweren Boden. Der beste Zeitpunkt für die Aussaat ist von August bis September. Bis Mitte August wird die Herbsternte gesät, spätere Aussaaten sind im darauffolgenden Frühjahr erntereif.

Ernte Feldsalat kann vom Herbst bis zum Frühling geerntet werden, unter einer schützenden Schicht von Fichtenreisig sogar bei Schnee.

Verarbeitung Wie alle Blattsalate sollte auch Feldsalat frisch verzehrt werden. Zuvor muss man ihn gründlich putzen. Das ist zwar etwas mühsam, aber wichtig, damit man hinterher nicht auf Sandkörnchen oder Erdkrümel beißt.

Sorten 'Medaillon' hat runde, breite, dunkelgrüne Blätter in aufrechter Stellung. Die Sorte 'Vit' wächst rasch und bildet dabei runde, dunkelgrüne Blätter aus. 'Verte de Cambrai' wächst ebenfalls sehr schnell und ist äußerst winterhart. Die Sorte 'Etampes' wächst dagegen langsamer, steckt dafür aber selbst Kahlfröste ganz gut weg. Eine alte Kultursorte mit etwas helleren Blättern ist 'Wollfrüchtiger Feldsalat Kölner Palm'.

Medizinische Wirkung Feldsalat ist reich an Kalium, Vitamin A und C, Eisen und Folsäure. Darüber hinaus zählt er zu den magnesiumreichsten Gemüsen überhaupt und gilt als eine der besten pflanzlichen Jodquellen.

GARTENSALAT *(Lactuca sativa)*

Unter dem Oberbegriff Gartensalat fassen wir hier Kopf-, Eisberg-, Eichblatt-, Pflück- und Bataviasalat zusammen. Sie alle sind Korbblütler und gelten als Synonym für eine gesunde, kalorienarme Kost, und das durchaus zu Recht. Salatköpfe sehen im Gemüsebeet nicht nur schön aus, sie bergen auch wichtige Inhaltsstoffe.

Die Urform all dieser Varietäten ist der in Südeuropa und Vorderasien beheimatete wilde Lattich, der bereits in der Antike bekannt war. Nach der altgriechischen Mythologie gilt Lattich neben Nektar und Ambrosia als dritte Götterspeise. Den besten Lattich des gesamten Römischen Reiches sollen die Palastgärten des Kaisers Diokletian in Split hervorgebracht haben. Tacitus nahm ihn regelmäßig zu sich, denn der römische Geschichtsschreiber litt an Schlaflosigkeit, und der Saft des Salates galt als gutes Schlaf- und Beruhigungsmittel, was heute allerdings sehr umstritten ist.

In Mitteleuropa wurde der Salat seit dem Mittelalter vor allem in Klostergärten kultiviert und fand von dort aus auch Verbreitung an den Höfen. Ludwig XIV. ließ seine Gärtner bereits Salat in geschütztem Anbau ziehen, denn er wollte auch im Winter nicht auf ihn verzichten. Unter Umständen hat sich der Sonnenkönig damit nicht wirklich einen Gefallen getan, denn gerade bei Treibhaussalat bildet sich in der lichtarmen kalten Jahreszeit besonders viel Nitrat, das bei der Verdauung in Nitrit umgesetzt wird. Daraus wiederum können Nitrosamine entstehen, die lange Zeit als krebserregend galten, was inzwischen jedoch von einigen Forschern infrage gestellt wird.

Anbau Die meisten Gartensalate haben keine großen Ansprüche. Sie können in unseren Breiten fast überall ab April ins Freiland ausgesät werden, und zwar auf einem mit Kompost gut vorbereiteten, sonnigen Beet, das immer gut feucht gehalten wird. Bis zum Herbst kann dann in Etappen alle 14 Tage eine Folgesaat erfolgen. Vor allem wenn sie unterschiedliche Farben haben, kann man mit Kopfsalaten schöne Muster im Gemüsegarten gestalten. Pflücksalate, die keine Köpfe bilden, können als Beeteinfassung verwendet werden. Salate lassen sich ebenfalls in Töpfen und Balkonkästen kultivieren. Eine ausreichende Nährstoff- und Wasserversorgung muss allerdings gewährleistet sein. Gute Nachbarn sind Kohlrabi, Spinat, Erdbeeren, Kohl, Bohnen und Zwiebeln.

Ernte Gartensalate kann man den ganzen Sommer über bis zum Herbst nach Bedarf ernten. Bei Pflücksalaten werden immer die äußeren Blätter gepflückt, das Herz bleibt stehen, sodass immer neue Blätter nachwachsen.

Verarbeitung Salat sollte immer frisch verzehrt werden, häufig machen die Blätter selbst bei kühler Aufbewahrung schon nach ein bis zwei Tagen schlapp. Lediglich der Eisbergsalat hält, was der Name verspricht, und kann mehrere Tage im Kühlschrank aufbewahrt werden.

Sorten Der Kopfsalat 'Maikönig' ist eine bewährte frühe Sorte, die zarte gelbgrüne Blätter entwickelt. 'Brauner Trotzkopf' hat dekorative hellgrüne und rotbraune Blätter. Der Eisbergsalat 'Laibacher Eis' ist robust und entwickelt große feste Köpfe. In einem kräftigen Rot leuchtet der Eichblattsalat 'Navara'. Lässt man die Herzblätter bei der ersten Ernte stehen, kann immer wieder neu geerntet werden. Die stark gekrausten Blattränder des braunroten Pflücksalats 'Lollo Rossa' sind purpurfarben und werden nach innen hin grün. Die Sorte 'Lollo Bionda' ist dazu das gelbgrüne Gegenstück. Bataviasalat vereinigt die Eigenschaften von Kopf- und Eisbergsalat. Die Köpfe sind fest, aber nicht so geschlossen wie beim Eisbergsalat. 'Leny' ist eine grünblättrige, 'Kamalia' eine attraktive rotblättrige Sorte. 'Rosinski' hat rotgrünes Laub, und alle drei bilden gemeinsam einen farbenprächtigen und schmackhaften Sommersalat.

Medizinische Wirkung Gartensalate enthalten Vitamin C, Mineralstoffe und Carotinoide.

Salate gelten als Inbegriff gesunder Ernährung – und das durchaus zu Recht.

Der Radicchio 'Roter von Verona' ist relativ frosthart und eignet sich gut zum Überwintern im Freien.

RADICCHIO *(Cychorium intybus)*
Auch der Radicchio ist ein Zichoriengewächs, das uns den Winter über mit frischen Salatblättern versorgt. Er ist eine Kulturform der in ganz Europa heimischen Wilden Wegwarte und wurde bis in die Achtzigerjahre des vergangenen Jahrhunderts vor allem in Italien kultiviert. Die Pflanze ist wegen ihrer roten Blattfärbung sowohl im Garten als auch auf dem Speiseteller beliebt, dabei anspruchslos und leicht zu kultivieren.

Anbau Im Juni wird Radicchio ausgesät. Der Boden sollte tiefgründig, locker und humusreich sein, der Standort sonnig bis halbschattig. Radicchio will regelmäßig gewässert werden, allerdings ist Staunässe zu vermeiden. Im Herbst werden die länglichen grünbraunen Blätter abgeschnitten. Erst dann bilden sich die roten Rosetten.

Ernte Geerntet werden die ganzen Köpfe je nach Sorte im Spätherbst oder den Winter über.

Verarbeitung Wie alle Salate sollte Radicchio möglichst frisch als Salat zubereitet werden. Er hält sich aber auch einige Tage lang im Kühlschrank.

Sorten 'Variegata di Castelfranco' ist eine frühe Feinschmeckerspezialität aus Italien. Sie bildet kugelige Köpfe mit beigeweißen Blättern und weinroten Sprenkeln. Der Geschmack ist mild und süßlich. Auch 'Rosso di Chiogga' ist eine frühe Sorte, die vor dem Frost geerntet werden sollte. Sie ist kugelig mit weinroten und weiß gerippten Blättern. Eine späte Sorte, die sich gut zum Überwintern im Freiland eignet, ist dagegen 'Roter von Verona'. Bei Schnee sollte er jedoch mit Fichtenreisig abgedeckt werden.

Medizinische Wirkung Wie der Endiviensalat enthält auch Radicchio den für Galle und Leber wohltuenden Bitterstoff Intybin und wie alle Salate Vitamine und Mineralstoffe.

RAUKE, RUCOLA *(Eruca sativa)*
Die auch als Ölrauke, heute aber vor allem als Rucola bekannte Pflanze ist im Mittelmeerraum zu Hause und wurde bereits im Altertum als Würzpflanze sowie als harntreibendes und verdauungsförderndes Mittel geschätzt. Die Römer brachten den Kreuzblütler vermutlich über die Alpen in den Norden, wo es bereits die mehrjährige Wilde Rauke gab, die den botanischen Namen *Diplotaxis tenuifolia* trägt. Noch im Mittelalter wurden beide Pflanzen hierzulande genutzt. Dann gerieten die Arten in Deutschland in Vergessenheit. Erst Mitte

der Achtzigerjahre des vergangenen Jahrhunderts kam die Salatrauke unter dem Namen Rucola aus Italien zu uns zurück und eroberte durch die aufkommende Beliebtheit der mediterranen Küche auch unsere Gärten und Speisezettel.

Anbau Rauke ist zweijährig, wird bei uns aber einjährig kultiviert. Die Blätter schmecken bitter-würzig und werden häufig wie ein Kraut verwendet. Die Pflanze ist unkompliziert und sehr anspruchslos und gedeiht im Beet ebenso gut wie in Töpfen auf Balkon und Terrasse. Wichtig ist ein vollsonniger Standort. Gesät wird im zeitigen Frühjahr und dann in Folgesaat alle vier bis sechs Wochen.

Ernte Drei bis fünf Wochen nach der Aussaat ist Rauke erntereif.

Verarbeitung Wegen der hohen Nitratwerte seiner Stiele sollte man nur die Blätter der Rauke verarbeiten. Sie werden frisch milden Salaten beigemengt, geben aber auch Pestos und Kräutermischungen eine reizvolle Note.

Medizinische Wirkung Rucola ist reich an wohltuenden Senfölen, die Infektionen vorbeugen, sowie an Carotinoiden und Glucosinolaten, sekundären Pflanzenstoffen, die das Krebsrisiko senken und das Immunsystem stärken.

REZEPT

Rucola-Öl

Zutaten für etwa 500 ml:

eine Handvoll Rucola
500 ml Olivenöl

Rucolablätter waschen und trocken schütteln. Die Blätter in grobe Streifen schneiden, in eine verschließbare Flasche geben und mit dem Olivenöl auffüllen. Die Flasche verschließen und das Öl mindestens zwei Wochen an einem kühlen, dunklen Ort ziehen lassen. Dann durch einen Filter abgießen und das Öl zurück in die Flasche geben. Das Rucola-Öl aromatisiert Pasta, Risotto und Suppen.

Rucola-Öl schmeckt köstlich und besitzt darüber hinaus harntreibende und verdauungsfördernde Eigenschaften.

Kochen mit Wildgemüse liegt im Trend. Wer ein Fleckchen kennt, wo die Pflanzen weitab von Autoabgasen wachsen, muss sie nicht im eigenen Garten kultivieren. Häufig sind Giersch, Löwenzahn, Brennnessel & Co. aber sowieso im Garten heimisch, und dann lohnt es sich, sie auch mit anderen Augen zu betrachten. Oft steckt mehr in ihnen, als der äußere Schein verrät.

Der Bärlauch punktet nicht allein mit delikaten Blättern, sondern auch mit hübschen, kugelig angeordneten weißen Blüten.

Wildgemüse

BÄRLAUCH *(Allium ursinum)*
Bärlauch wächst wild in den Laubwäldern Europas und wurde schon von den Germanen und Kelten als Heilpflanze hoch geschätzt. Die Römer schrieben ihm heilsame Wirkung bei Bluthochdruck, Bronchitis, Hautleiden und Müdigkeit zu. Bei allen Völkern galt das mehrjährige Liliengewächs als Frühlingsbote, der seinen Namen angeblich dem Umstand verdankt, dass sich Bären nach der Winterruhe mit den frischen Blättern den Bauch vollschlugen und so zu ihren sagenhaften Bärenkräften gelangten. Die Menschen taten es ihnen gleich und aßen Bärlauch nach den langen kalten Monaten, um neue Kraft zu tanken. In den mittelalterlichen Klöstern wurde Bärlauch trotz seiner heilkräftigen Wirkung nicht angebaut. Das mag zum einen daran liegen, dass er überall wild wuchs und man ihn bei Bedarf zur Hand hatte, zum anderen daran, dass er als fruchtbarkeitsfördernd und erotisierend galt. Jedenfalls fand die Pflanze sowohl in der Medizin als auch in kulinarischer Beziehung lange Zeit kaum Beachtung. Erst mit dem stark gestiegenen Interesse an Wildgemüse sorgte der Bärlauch in den vergangenen Jahren zunächst in Feinschmeckerkreisen für Furore und avancierte schließlich zum regelrechten Trendkraut. Im Frühjahr pflücken Scharen von Menschen die frischen Blätter und reduzieren auf diese Weise den natürlichen Bestand. Es ist deshalb sinnvoll, Bärlauch im Garten zu kultivieren.

Anbau Bärlauch braucht einen nahrhaften, feuchten Boden in halbschattiger Lage. Als Kaltkeimer wird er ab September ausgesät. Besser gelingt eine Vermehrung durch Zwiebelteilung. Hat sich Bärlauch erst einmal etabliert, breitet er sich gern aus, was im Garten durchaus erwünscht ist. Schließlich hat er hübsche weiße kugelige Blüten zu bieten, die im Frühling halbschattige Bereiche zum Leuchten bringen.

Ernte Geerntet werden die Blätter ab März, vor der Blüte. Doch Vorsicht! Sie ähneln stark dem ebenfalls in diesen Monaten erscheinenden hochgiftigen Maiglöckchen. Nur Bärlauchblätter verströmen beim Zerreiben den typischen Knoblauchgeruch.

Verarbeitung Bärlauchblätter müssen frisch verarbeitet werden. Mit ihrem feinen Knoblaucharoma würzen sie Suppen, Salate, Saucen und Kräuterquark. Eine Delikatesse und bewährte Konservierungsart ist Bärlauchpesto.

Medizinische Wirkung Bärlauch enthält reichlich Vitamin C, B_1 und B_2, zudem Flavonoide und Mineralstoffe wie Eisen, Kalium, Calcium und Magnesium. Er hilft bei Verdauungsbeschwerden und wirkt vorbeugend gegen Arteriosklerose.

REZEPT

Bärlauch-Pesto

Zutaten:

100 g frische Bärlauchblätter
2 EL Mandeln oder Pinienkerne
grobes Meersalz nach Geschmack
50 g geriebener Parmesan
Salz und Pfeffer
8 EL Olivenöl

Bärlauch mit Pinienkernen und Salz in einem Mörser zu einem Brei verarbeiten. Den Parmesan hinzufügen und mit dem Stößel einarbeiten. Mit Salz und Pfeffer nach Belieben würzen. Olivenöl dazugeben und mit der Paste vermischen. Das Pesto in Gläser abfüllen und mit Olivenöl auffüllen, sodass die Paste daumenbreit mit Flüssigkeit bedeckt ist. Im Kühlschrank aufbewahren.

Einen Winkel im Garten sollte man der Brennnessel gewähren, denn für die Raupen vieler unserer schönsten Schmetterlingsarten ist sie Hauptfutterpflanze.

BRENNNESSEL *(Urtica dioica)*
Die meisten von uns betrachten die Brennnessel als lästiges Unkraut. Doch seit alters her ist das in ganz Mitteleuropa heimische Gewächs auch eine vielseitige Arzneipflanze. Hippokrates empfahl sie zur Blutreinigung, Paracelsus verordnete Brennnesselsaft bei Gelbsucht und Hildegard von Bingen pries frische Brennnesseln zur Heilung von Magenkrankheiten.
Wegen ihrer Brennhaare war die heimische Pflanze aber auch immer schon berüchtigt und galt in vielen Gegenden Deutschlands als magisches Abwehrmittel gegen Schädlingsbefall auf den Feldern. Vielleicht nicht ganz zu Unrecht, denn nach wie vor verwendet man Brennnesseljauche zur biologischen Schädlingsbekämpfung.

Anbau Wahrscheinlich wird es wenige Gärtner geben, die tatsächlich Brennnesseln im Garten anbauen, viele naturnah gärtnernde Menschen gewähren aber der Brennnessel einen Platz in einem wilden Eckchen des Gartens. Sie wächst fast überall, liebt aber humosen Boden. Brennnesseln neigen zum Wuchern, man sollte sie also etwas im Auge behalten.

Ernte Für Salate werden die jungen Blätter des Frühlingsaustriebs geerntet. Für Tee erntet man die Blätter von Juni bis Juli und trocknet sie. Bei der Berührung mit den Brennhaaren kann es zu Hautreizungen kommen. Deshalb sollte man bei der Ernte und Verarbeitung zur Sicherheit Handschuhe tragen.

Verarbeitung Brennnesselblätter schmecken fein säuerlich und lassen sich wie Spinat zubereiten. Die abgezupften Blätter werden ganz kurz in kochendes Wasser geworfen und anschließend in Eiswasser gegeben, so bleibt ihre kräftige grüne Farbe erhalten. Und keine Angst vor Verbrennung beim Verzehr. Durch das Blanchieren verlieren die Brennhaare ihre Wirkung, genauso wie durch das Einlegen in Öl. Für Brennnesseltee werden ein bis zwei gehäufte Esslöffel getrocknete Blätter mit einem Viertelliter kochendem Wasser übergossen. Der Tee muss zehn Minuten ziehen und wird dann abgeseiht.

Medizinische Wirkung Brennnesseln enthalten Vitamin C, viele Mineralstoffe wie Eisen, Mangan, Kalium, Calcium und Magnesium sowie Carotinoide und Flavonoide. Sie mindern Ödeme und stärken die allgemeine Widerstandskraft. Bei Blasen- und Nierenleiden ist die harntreibende Wirkung der Pflanze von Nutzen.

REZEPT

Brennnesseljauche: Damit auch der Garten gesund bleibt

Brennnesseljauche wehrt Schädlinge ab und stärkt die Widerstandskräfte der Pflanzen. Etwa ein Kilogramm frische Brennnesseln werden dafür mit zehn Liter Wasser angesetzt. Von getrockneten Brennnesseln genügen 100 bis 200 Gramm. Die Flüssigkeit muss täglich umgerührt werden. Nach etwa drei Tagen fängt die Jauche an zu gären, auf der Wasseroberfläche bilden sich Blasen und sie beginnt unangenehm zu riechen. Die Gärung ist abgeschlossen, wenn nach etwa einer Woche keine Blasenbildung mehr erkennbar ist. Die vergorene Jauche muss zehnfach verdünnt werden. Sie kann in den Wurzelbereich der Pflanzen auf den Boden gegossen oder in noch stärkerer Verdünnung auf die Blätter gespritzt werden.

Aufessen statt ärgern: Giersch ist weit mehr als ein lästiges Unkraut. Die jungen Blätter schmecken delikat und sind äußerst gesund.

GIERSCH *(Aegopodium podagraria)*
Schon wahr, Giersch kann Gärtner zur Verzweiflung treiben. Ist er erst mal im Garten, wird man ihn nicht wieder los. In Windeseile erobert er das Terrain und lässt sich wegen seiner unterirdischen Triebe auch nur schwer bekämpfen. Zeit also, ihm gegenüber eine etwas gelassenere Haltung an den Tag zu legen. Denn genauer betrachtet sieht er ganz hübsch aus mit seinen Blüten fein wie Klöppelspitze und frisch-grünem Laub. Das Wichtigste jedoch: Giersch schmeckt äußerst delikat und ist darüber hinaus überaus gesund. Im Mittelalter wurde der in Europa heimische, mehrjährige Doldenblütler als Gemüse und Heilpflanze gleichermaßen geschätzt und in Kloster- und Bauerngärten kultiviert. Bereits sein Artname »podagraria« weist auf seine medizinische Wirkung hin, denn der lateinische Ausdruck bedeutet »die Gicht heilend«.
Also, bevor man sich über den Giersch im eigenen Garten ärgert, isst man ihn am besten einfach auf.

Anbau Giersch ist in ganz Europa heimisch und wie die meisten Wildkräuter sehr anspruchslos, bevorzugt jedoch feuchte Böden im lichten Schatten. Wer keinen Giersch im Garten hat und das gesunde, aber manchmal lästig werdende Kraut zur schnellen Verfügung haben möchte, legt am besten einzelne Wurzelstücke in den Boden. Eine Aussaat ist ebenfalls möglich, aber etwas langwieriger. Damit das Gewächs nicht wuchert, ist eine Rhizomsperre unbedingt empfehlenswert. Auch die Kultivierung in Gefäßen ist möglich. Die Blüten sollten vor der Samenreife abgeschnitten werden. Dadurch wird verhindert, dass sich die Pflanze weiter ausbreitet.

Ernte Geerntet werden die zarten, jungen, noch aufgerollten Blätter von Mai bis Juli.

Verarbeitung Geruch und Geschmack der Gierschblätter erinnern an Petersilie. Sie werden wie frischer Spinat zubereitet oder würzen klein geschnitten Salate, Pesto, Suppen und Quark.

Medizinische Wirkung Giersch ist reich an Mineralstoffen und enthält zudem Vitamin A, C und Flavonoide. Ein Tee aus den getrockneten Blättern hilft bei Rheuma, Gicht und Arthritis. Außerdem wirkt die Pflanze krampflösend, entgiftend und blutreinigend. Der frische Saft aus den typisch dreieckigen Stängeln wirkt lindernd bei Insektenstichen.

REZEPT

Brennnessel-Giersch-Löwenzahn-Suppe

Zutaten:

je 1 Handvoll Brennnessel- und Gierschblätter
½ Handvoll Löwenzahnblätter
3 EL Sonnenblumenöl
1 Knoblauchzehe
1 Zwiebel
2 EL Mehl
1 l Wasser
1 EL Gemüsebrühe
100 g Sahne
Salz und Pfeffer

Die Wildkräuter waschen und klein schneiden. Knoblauch und Zwiebel häuten und klein hacken. Das Öl in einen Topf geben und darin Knoblauch und Zwiebel glasig dünsten. Mehl dazugeben und verrühren. Wasser, Brühe und Wildkräuter hinzugeben. Zum Kochen bringen und etwa 15 Minuten köcheln lassen. Die Sahne hinzugeben. Pürieren und mit Salz und Pfeffer abschmecken.

GUTER HEINRICH

(Chenopodium bonus-henricus)

Guter Heinrich ist in ganz Europa heimisch und war von der Steinzeit bis weit ins 19. Jahrhundert hinein ein beliebtes Gemüse, das bereits früh im Jahr frisches Grün trieb und Vitamine spendete. Es wurde wie Spinat zubereitet und schließlich auch auf den Speisezetteln vom Spinat verdrängt. Darüber hinaus galt Guter Heinrich aber auch als probates Wundheilmittel, aus dessen Blättern man heiße Aufgüsse und Umschläge machte, die dann gegen chronische Entzündungen, Abszesse und Hautverletzungen eingesetzt wurden. Dennoch ist er fast in Vergessenheit geraten und gilt in freier Natur sogar als gefährdet. Auch das ist ein guter Grund, ihm im Garten ein Refugium zu gewähren.

Anbau Das mehrjährige Gänsefußgewächs benötigt einen nährstoffreichen, eher feuchten, aber gut dränierten Boden in voller Sonne. Mit seinem aufrechten Wuchs und den winzigen gelbgrünen Blüten, die an langen Ähren sitzen, macht es sich gut in den naturhaften, wiesenartigen Bereichen des Gartens. Die Vermehrung erfolgt durch Aussaat oder Wurzelteilung im Frühling. Damit er sich nicht ausbreitet und dann lästig wird, sollte man die knospigen Triebe vor dem Aufblühen entfernen.

Ernte Blätter und Blütensprosse werden bis zum Beginn der Blüte im Frühsommer geerntet. Später werden sie ledrig und bitter, und der Oxalsäuregehalt steigt.

Verarbeitung Blätter und Sprossen ergeben frisch ein leckeres Gemüse. Sie können wie Spinat verarbeitet werden, würzen aber auch Suppen, Quiches und Salate. Blütenstängel und junge Triebe kann man wie Spargel zubereiten. Besonders gut schmeckt dieses Gemüse, wenn es gebleicht wurde. Dafür stülpt man ab Februar einfach einen lichtundurchlässigen Eimer oder – etwas stilvoller – einen Rhabarbertopf über die Triebe.

Medizinische Wirkung Guter Heinrich ist reich an Vitamin C und Mineralstoffen. Breiumschläge mit seinen Blättern helfen bei Hauterkrankungen und Entzündungen.

Zu Unrecht wurde der Gute Heinrich fast vergessen: Das vitaminreiche Gemüse lässt sich leicht zubereiten und hilft in Form von Umschlägen auch bei Entzündungen.

Der Kleine Sauerampfer wächst bevorzugt auf sandigen Wiesen oder Schotterflächen.

LÖWENZAHN *(Taraxacum officinale)*
Vor allem wenn sich Löwenzahn auf dem gepflegten Rasen oder in der Rabatte breitmacht, ist er vielen Gärtner ein Dorn im Auge, und man ist nur zu willig, ihn mit Stumpf und Stiel auszureißen. Doch damit wird man ihn meistens nicht los. Durch seinen vitalen Wuchs, vor allem aber durch die großflächige Verbreitung seiner Samenschirmchen sowie der bis zu zwei Meter tief in den Boden dringenden Pfahlwurzel lässt sich der mehrjährige Korbblütler, wenn er sich erst mal angesiedelt hat, kaum mehr aus dem Garten vertreiben.
Dabei ist er mit seinen dottergelben Blüten und dem silbrigen Fruchtstand durchaus ansehnlich und außerdem noch voller gesunder Inhaltsstoffe. In Frankreich gilt Löwenzahn seit jeher als Delikatesse. Seine harntreibende Wirkung ist dort schon seit dem 16. Jahrhundert bekannt, was dem Gewächs den etwas uncharmanten Namen »Pissenlit«, zu Deutsch »Bettnässer«, eingetragen hat. Löwenzahn wird in Frankreich und in Italien sehr geschätzt und sogar in größerem Stil kultiviert. Seit Längerem gibt es Zuchtsorten vom Löwenzahn, besonders großblättrige Sorten, die weniger Bitterstoffe enthalten als die Wildpflanze. Wem die Blätter dennoch zu bitter sind, kann sie durch Bleichen noch weiter mildern. Dies gelingt bei dem im Frühjahr gesäten Löwenzahn ab dem Spätsommer einfach durch Überstülpen eines Eimers.
Anbau Will man die heimische Pflanze im Garten kultivieren, muss man vor allem darauf achten, dass sie sich nicht zu stark ausbreitet, und die Blüten entfernen, bevor sie Samen ausbilden. Löwenzahn anzusiedeln ist denkbar einfach. Ansprüche an den Boden stellt er kaum. Nur auf Kalkböden gedeiht er nicht so recht. Hübsch macht er sich beispielsweise auf einer Obstwiese.
Ernte Die Blätter des Löwenzahns findet man zwar das ganze Jahr über, geerntet wird aber ausschließlich im Frühling, weil ältere Blätter hart sind und sehr bitter schmecken.
Verarbeitung Die Blätter werden frisch verwendet. Man gibt sie zum Salat oder serviert sie kurz blanchiert als Gemüse.
Sorten Als Gourmetsorten gelten die breitblättrigen Varietäten 'Kultivierter Vollherziger' und 'Lyonell'.
Medizinische Wirkung Löwenzahn enthält viel Vitamin A und C. Er ist reich an Ballaststoffen sowie an Mineralstoffen wie Kalium, Phosphor, Magnesium, Calcium und Eisen sowie Flavonoiden.

SAUERAMPFER *(Rumex acetosa)*
Mit seinen rostroten Blütenrispen überzieht Sauerampfer Wiesen von Mai bis August mit einem duftigen, rötlichen Schleier. Das mehrjährige Knöterichgewächs, das in ganz Europa zu Hause ist, gilt seit jeher als veritables Heilkraut. Im Altertum verwendeten Ägypter, Griechen und Römer den Sauerampfer, um ihre fetten Speisen verträglicher zu machen. Und die Seefahrer des Mittelalters schätzten das Vitamin-C-haltige Wildkraut als Mittel gegen Skorbut.
Anbau Sauerampfer ist eine anspruchslose Pflanze. Er liebt feuchte, nährstoffreiche Böden und einen sonnigen bis halbschattigen Standort. Im Garten ist er in naturnahen, wiesenartigen Partien gut aufgehoben.
Ernte Die jungen Blätter werden ausschließlich im Frühjahr geerntet. Später im Jahr sind sie zu zäh und ledrig.
Verarbeitung Sauerampferblätter würzen mit ihrem säuerlichen Aroma Suppen, Salate und Kräuterquark. In Form von ölhaltigem Pesto lässt sich Sauerampfer kurzzeitig konservieren, ist aber ein reines Saisonprodukt.
Sorten Der Römische Ampfer *(Rumex scutatus)* ist ein naher Verwandter des Sauerampfers und wird wegen seiner kleinen, schildförmigen Blätter auch Schildampfer genannt. Er hat einen zierlicheren Wuchs und ein feineres Aroma. Der Kleine Sauerampfer *(Rumex acetosella)* wird maximal 40 Zentimeter hoch.
Medizinische Wirkung Sauerampfer ist reich an Vitamin A, B und C, an Flavonoiden sowie an harntreibenden und blutreinigenden Bestandteilen. Allerdings enthält er auch reichlich Oxalsäure, die nicht für jedermann verträglich ist. Daher sollte er nur sparsam verwendet werden.

Wurzelgemüse sind reich an Vitaminen und Mineralstoffen und einige Zeit haltbar, sodass sie uns auch in der kalten Jahreszeit zur Verfügung stehen. Knollen und Rüben sind sogar nahrhafter als viele Sommergemüse, weil sie mithilfe ihrer überirdischen Spitzen eine Menge Nährstoffe sammeln, die sie unter der Erde in ihren Wurzeln speichern.

Fenchel benötigt einen warmen, sonnigen Standort. Die Knollen können ab Oktober geerntet werden.

Wurzelgemüse

GEMÜSEFENCHEL

(Foeniculum vulgare var. azoricum)

Fenchel mit seinem charakteristischen anisartigen Geschmack stammt aus dem Mittelmeerraum und aus Vorderasien und gehört zu den schon seit dem Altertum bekannten und hoch geschätzten Heilpflanzen. Er wurde bei Blasen- und Nierenleiden sowie bei Verdauungsstörungen eingesetzt. Benediktinermönche brachten ihn später über die Alpen, wo in den christlichen Klöstern vor allem das Kraut und der Samen Verwendung fanden. In Deutschland wird der Doldenblütler erstmals im 9. Jahrhundert erwähnt. Damals empfahl Walahfrid Strabo, der wortgewaltige und pflanzenkundige Abt des Klosters Reichenau am Bodensee, Fenchel mit Wein und Ziegenmilch zu trinken, um Blähungen zu lösen, träge Verdauung zu verbessern und Husten zu lindern. Als Gemüse wurde der Fenchel erst viel später kultiviert und ist hierzulande erst mit dem gestiegenen Interesse für die mediterrane Küche bekannter geworden.

Anbau Als typisches Mittelmeergewächs liebt Fenchel einen warmen Standort und wird je nach Sorte ab Mai bis Juli in ein mit Kompost gut vorbereitetes Beet in voller Sonne gesät. Sind Sommer und Frühherbst sehr trocken, muss gegossen werden. Manche Sorten neigen zum Schießen, wenn sie zu früh ausgesät werden. Im späten Herbst schützt eine dicke Laubdecke die Knolle vor Kälte. Gute Nachbarn sind Feldsalat und Zichoriensalate.

Ernte Fenchel wird von Oktober bis Ende November geerntet. Bei Frostgefahr kann man die Knollen ausgraben und einige Wochen in einer Kiste mit Sand im Keller lagern.

Verarbeitung Fenchel verarbeitet man am besten sofort nach der Ernte. Im Kühlschrank hält er sich meist nicht länger als eine Woche. Zum längeren Konservieren kann man ihn kurz blanchieren und einfrieren. Gedünsteter und überbackener Fenchel ist köstlich.

Sorten Die alte Fenchelsorte 'Di Firenze' bildet große Knollen, neigt jedoch bei zu früher Aussaat zum Schießen und wird daher sinnvollerweise erst ab Juni bis Mitte Juli ausgesät. Neuere Sorten wie 'Fino' oder 'Mammouth' eignen sich für den Frühjahrsanbau.

Medizinische Wirkung Gemüsefenchel enthält fast doppelt so viel Vitamin C wie Orangen sowie die Vitamine A, B und E. Er ist reich an Mineralstoffen wie Eisen, Calcium und Magnesium.

HAFERWURZEL *(Tragopogon porrifolius)*

Die Haferwurzel war über Jahrhunderte hinweg ein äußerst beliebtes Wurzelgemüse. Sie stammt aus dem Mittelmeerraum und kam erst im 16. Jahrhundert nach Mitteleuropa. Zwischen 1850 und 1920 wurde sie in Schlesien und Ostpreußen feldmäßig angebaut, später jedoch von der verwandten Schwarzwurzel verdrängt. Lediglich in Großbritannien wird der Korbblütler noch in nennenswertem Umfang kultiviert. Dort liebt man das Gemüse und nennt es wegen seines an Austern erinnernden Geschmack »vegetable oyster«, vegetarische Auster. Im Zuge der wachsenden Beliebtheit alter Gemüsearten gelten die aromatischen Wurzeln in Feinschmeckerkreisen aber auch bei uns wieder als Geheimtipp.

Anbau Im Anbau ist die zweijährige Pflanze denkbar unkompliziert. Im April wird sie auf einen tiefgründigen, gelockerten, sandighumosen Boden ausgesät. Es bilden sich bald eine Blattrosette und die bis zu 30 Zentimeter lange Wurzel mit meist vielen cremefarbenen Nebenwurzeln. Wird im ersten Jahr nach der Aussaat nicht geerntet, wird die Pflanze im zweiten Jahr gut einen Meter hoch und entwi-

Fast vergessen: Die Haferwurzel ist ein sehr nahrhaftes Gemüse.

Die interessantesten Kartoffelsorten findet man in keinem Supermarkt. Um sie genießen zu können, muss man sie im eigenen Garten anbauen.

Es gibt unzählige Kartoffelsorten. Ein echter Hingucker ist die blaue Sorte 'Blauer Schwede'.

ckelt hübsche rosaviolette Strahlenblüten. Zu diesem Zeitpunkt kann die Wurzel nicht mehr geerntet werden, denn sie beginnt zu verholzen. In der Mischkultur passen Haferwurzeln zu Bohnen, Sellerie, Spinat und Tomaten.

Ernte Haferwurzeln werden ab November geerntet. Mit einer Grabegabel lockert man vorsichtig die Erde um die Wurzeln, um diese dann, ohne sie abzubrechen, aus dem Boden zu ziehen. Die Wurzeln sollten beim Herausziehen nicht verletzt werden, weil der Saft sonst die Hände färbt und viele der wertvollen Inhaltsstoffe verloren gehen. Bei offenem Boden kann während des ganzen Winters geerntet werden.

Verarbeitung Wird die Wurzel unter fließendem Wasser gründlich gesäubert, kann das Schälen entfallen. Gedünstet als Gemüse oder zu einer Suppe verarbeitet sind die Wurzeln eine Delikatesse. Man kann sie auch marinieren und frittieren. Zur Haltbarmachung werden sie kurz blanchiert und dann eingefroren.

Medizinische Wirkung Haferwurzeln sind ein sehr nahrhaftes Gemüse. Sie enthalten Mineralstoffe wie Kalium, Calcium und Magnesium sowie Carotinoide, stärken Leber und Galle und wirken sich positiv auf die Darmflora aus. Das in den Wurzeln enthaltene Inulin macht sie für Diabetiker besonders bekömmlich. Darüber hinaus sind Haferwurzeln glutenfrei.

KARTOFFEL *(Solanum tuberosum)*

Kartoffeln sind überall zu haben. Warum also soll man sie im Garten ziehen? Die Antwort: weil es eine ungeheure Vielfalt köstlich schmeckender Varietäten gibt, die es in keinem Supermarkt und noch nicht einmal auf gut sortierten Wochenmärkten zu kaufen gibt, sondern nur in speziellen Versandgärtnereien. Es gibt gelbe, rosafarbene, rote, blaue, violette und interessant marmorierte Sorten. Darüber hinaus schmecken Kartoffeln aus eigener Kultur einfach besser, und selbst in kleinen Gärten finden ein paar Reihen Frühkartoffeln Platz. Sie lassen sich sogar in speziellen Säcken auf dem Balkon und der Terrasse kultivieren.

Die ursprüngliche Heimat der Kartoffel ist Südamerika, wo sie seit mindestens 2000 Jahren angebaut wird und es heute noch 230 Wildarten gibt. Spanische Eroberer brachten das Nachtschattengewächs nach Europa, wo es wegen seiner hübschen Blüten zunächst als Zierpflanze für Furore sorgte. Erst seit etwa 250 Jahren schätzt man Kartoffeln hierzulande auch als Nahrungsmittel. Um den Auswirkungen einer Hungersnot entgegenzuwirken, befahl der Preußenkönig Friedrich II. seinerzeit den Anbau von Kartoffeln. Um sie der skeptischen Bevölkerung schmackhaft zu machen, ließ er angeblich die Kartoffelfelder wie einen Schatz von seinen Soldaten bewachen und förderte so die Begehrlichkeiten bei den Bauern. Dennoch dauerte es noch geraume Zeit, bis sich die Kartoffel als Grundnahrungsmittel etablieren konnte.

Anbau Bevor die Knollen ab Mitte April ins Freiland gesetzt werden, lässt man sie zwei bis drei Wochen lang in einem hellen Raum bei 10 °C bis 12 °C vorkeimen. Kartoffeln bevorzugen einen lockeren Boden, in dem reifer Kompost eingebracht wurde. Saatkartoffeln werden je nach Größe im Abstand von 30 bis 35 Zentimetern in eine Furche gelegt und locker mit Erde bedeckt. Sobald erste Triebe zu sehen sind, wird zum Schutz vor Spätfrösten

REZEPT

Kartoffelwickel gegen Schmerzen

Bei Hals- und Bauchschmerzen ist der Kartoffelwickel ein altes Hausmittel. Er wärmt und wirkt durchblutungsfördernd und krampflösend. Für den Wickel werden vier mittelgroße Kartoffeln mit Schale gekocht, geschält und mit einer Gabel zerdrückt. Die Kartoffeln sollten noch heiß genug sein, um ihre wärmende Funktion ausüben zu können, aber nicht zu heiß, damit sie keine Verbrennungen verursachen. Der Brei wird in ein sauberes Tuch eingeschlagen, das dann um den Hals gewickelt beziehungsweise auf den Bauch gelegt wird. Etwa eine Stunde sollte der Wickel einwirken. Bei Bedarf kann man den Vorgang wiederholen.

Wegen ihrer schönen Blüte wurde die Kartoffel einst als reines Ziergewächs nach Europa importiert.

und zur Erhöhung der Bodentemperatur weitere Erde aufgebracht. Wenn Ende Mai die Triebe etwa 20 Zentimeter hoch sind, häufelt man die Furche zu einem Damm an. Darin gedeihen knapp über der Erdoberfläche die meisten Knollen. Gute Nachbarn sind Kohl, Hülsenfrüchte, Tagetes und Kapuzinerkresse.
Ernte Frühkartoffeln können bereits Mitte Juni geerntet werden. Sie sind reif, wenn sie eine feste Schale haben, die sich nicht mehr abreiben lässt. Bei späteren Sorten zeigt die Welke des Kartoffelkrauts den Reifebeginn an.
Verarbeitung Frühkartoffeln sollte man nur kurz lagern und möglichst schnell verbrauchen. Spätere Sorten kann man in einem luftigen, trockenen und vor allem dunklen Raum bei einer Temperatur von etwa 8° C lagern. Ob gekocht, gebraten, gebacken oder als Salat: Kartoffeln ergeben vielfältige, köstliche, gesunde und bei fettarmer Verarbeitung ausgesprochen kalorienarme Gerichte.
Sorten 'Red Duke of York' ist eine früh reifende schottische Züchtung aus dem Jahre 1942 und bei uns auch unter dem Namen 'Roter Erstling' bekannt. Sie hat eine tiefrote Schale und ist vorwiegend festkochend. Im Austrieb bildet sie sehr zierendes dunkelrotes Laub. Die mittelfrühe, festkochende 'Salad Blue' ist ebenfalls schottischen Ursprungs und besitzt eine blaue Schale und blau marmoriertes Fleisch. Mit blauer Schale und blauem Fleisch wartet auch die mittelfrühe, mehlige Sorte 'Blauer Schwede' auf. Die ebenfalls mittelfrühe 'La Ratte' ist eine seit 1872 existierende französische Varietät, die durch Wohlgeschmack und Festigkeit besticht und

Die Wurzeln des Meerrettichs können das ganze Jahr über gestochen werden.

REZEPT

Meerrettichhonig gegen Husten

Zutaten:

2,5 EL geriebener Meerrettich
10 EL Honig

Den Meerrettich mit dem Honig vermischen, bis eine homogene Masse entstanden ist. Im Kühlschrank aufbewahren und dreimal täglich einen Teelöffel davon einnehmen.

deshalb bei vielen Feinschmeckern die Nummer eins ist. 'Bamberger Hörnchen' zählt zu den spät reifenden und festkochenden Sorten. Die Knollen sind tatsächlich hörnchenförmig gebogen und sehr würzig.

Neu im Angebot sind die sogenannten Mayan-Kartoffeln. Sie haben einen nussigen, herzhaften Geschmack, garen schneller und enthalten besonders viele Vitamine und Kalium. Es gibt verschiedene Sorten für unterschiedliche Verarbeitungsformen in der Küche. 'Mayan Gold' eignen sich für Röstkartoffeln, 'Mayan Twilight' zum Dämpfen und 'Mayan Queen' für Backkartoffeln.

Medizinische Wirkung Entgegen der landläufigen Meinung machen Kartoffeln keinesfalls dick. Sie enthalten weit weniger Kalorien als Reis und Nudeln, dafür bieten sie reichlich Vitamin C, B und A sowie zusätzlich viele Mineralstoffe. Der Eiweißgehalt der Kartoffel ist zwar vergleichsweise gering, dafür aber sehr hochwertig.

MEERRETTICH *(Armoracia rusticana)*

Meerrettich ist in Ost- und Südeuropa zu Hause und war schon in der Antike als Heilmittel bekannt. Der römische Politiker und Schriftsteller Cato erwähnt ihn 150 v. Chr. in seiner Abhandlung über den Ackerbau. Hierzulande wurde die Pflanze seit dem Mittelalter kultiviert. Im 16. Jahrhundert begann man, aus den Wurzeln schmackhafte Saucen zuzubereiten.

Anbau Meerrettich liebt nahrhafte, tiefgründige und feuchte Böden in voller Sonne. Im Mai erscheinen hübsche weiße Blütentrauben. Da er zum Wuchern neigt, sollte man ihn nicht in formal gestaltete Gärten pflanzen, da sein unkontrolliertes Wachstum ein strenges Konzept schnell sprengen könnte.

Ernte Geerntet werden in erster Linie die Wurzeln, die das ganze Jahr über gestochen werden können. Dafür sollte die Pflanze aber einige Jahre alt und gut eingewachsen sein. Frische Blätter würzen Frühlingssalate.

Verarbeitung Meerrettich sollte stets frisch verwendet werden. Fein geraspelt verfeinert er Saucen, Gemüsedips und Salate. Bereits beim Raspeln der zuvor gut geputzten Wurzeln entfalten sich die ätherischen Öle, die häufig durchaus als unangenehm empfunden werden können.

Medizinische Wirkung Die Schärfe der Meerrettichwurzeln ist legendär und soll schon Schnupfen mit einem einzigen Atemzug geheilt haben. Zurückzuführen ist das durchdringende Aroma auf den hohen Gehalt an Senföl, das leicht antibiotisch wirkt. Zudem enthält Meerrettich Vitamin C, B_1, B_2 und B6 sowie reichlich Mineralstoffe. Er regt den Blutkreislauf und die Verdauung an und wirkt schleimlösend und hustenstillend.

MÖHRE *(Daucus carota subsp. sativus)*

Möhren und Karotten – da gibt es tatsächlich einen Unterschied. Als Karotten bezeichnet man in der Regel die kleinen rundlichen Sorten, während die langen orangeroten Wurzeln für gewöhnlich Möhren genannt werden. Aber ganz gleich, welchen Namen sie auch tragen: Sie sind immer ein gesunder Knabberspaß und ein leckeres Gemüse. Neben den vertrauten gelbroten gibt es auch dunkelrote und purpurfarbene Sorten. Meist sind das alte Varietäten, die wiederentdeckt werden. Erste Beschreibungen dieser Sorten sind bereits aus dem Asien des 10. Jahrhunderts überliefert. Die bekannten orangefarbenen Klassiker entstanden hingegen erst gegen Ende des 17. Jahrhunderts in den Niederlanden aus den bis dahin gängigen gelben Möhren.

Anbau Möhren bevorzugen einen tiefgründigen, humusreichen und nicht zu schweren Boden in voller Sonne. Da die Samen nicht kälteempfindlich sind, können sie bereits

Alte Möhrensorten gibt es in Tönen von Cremeweiß über Rot bis Purpur.

REZEPT

Möhrensuppe bei Durchfall

Zutaten für 1l:

500 g Möhren
1 l Wasser
½ TL Gemüsebrühe
1 Prise Salz

Möhren waschen, schälen und klein schneiden. In einem Liter Wasser mit der Brühe und etwas Salz gar kochen. Anschließend durch ein Sieb pürieren.

ab März gesät werden. Die frühe Aussaat, aber auch die späte im Juni, schützt vor der gefürchteten Möhrenfliege, da die Zeit der Eiablage umgangen wird. Ein feinmaschiges Gemüseschutznetz ist dennoch empfehlenswert. Günstig ist auch eine Mischkultur mit Zwiebeln und Lauch, da sich Möhren und Lauchgewächse gegenseitig vor Schädlingen schützen. Und da alle drei Arten wenig Platz einnehmen, lässt sich damit auch auf kleinen Flächen eine ertragreiche Ernte erzielen.

Ernte Je nach Sorte werden Möhren von August bis Oktober geerntet.

Verarbeitung Von frischen Bundmöhren sollte man das Grün entfernen, da es der Wurzel Feuchtigkeit entzieht. Aus Möhren können Säfte, Gemüsebeilagen, deftige Eintöpfe und sogar Kuchen zubereitet werden. Im Kühlschrank halten sich Möhren gut eine Woche lang. Sie lassen sich aber auch blanchieren und anschließend einfrieren.

Sorten Die alte Schweizer Sorte 'Küttinger'

hat weiße, würzige Wurzeln. Sie wächst langsam und kann lange Zeit gelagert werden. Elegante elfenbeinfarbene Wurzeln und ein fruchtig-süßes Aroma hat 'Creme de lite'. 'Purple Haze' liefert purpurschwarze, 'Jaune du Doubs' gelbe und 'Rothild' tieforangerote Wurzeln. Die Sorte 'Bantry' ist eine saftige Naschmöhre und dazu widerstandsfähig gegen Krankheiten, und 'Guerande' ist eine alte, kreiselförmige Sorte aus Frankreich.

Medizinische Wirkung Möhren gehören zu den bedeutendsten Karotinspendern. Karotin wird im Körper zu Vitamin A umgewandelt, das für Wachstum sowie Haut- und Sehfunktionen benötigt wird. Außerdem enthalten sie reichlich Vitamin E und B6 sowie Mineralstoffe. Sie stärken das Immunsystem und verhindern einen erhöhten Cholesterinspiegel.

PASTINAKE *(Pastinaca sativa)*

Die Pastinake gehört zu den alten wiederentdeckten Gemüsearten. Ihre Herkunft lässt sich nicht mit Sicherheit zurückverfolgen, vermutlich ist sie aber seit jeher in Mitteleuropa heimisch. Eindeutige Belege finden sich erst aus dem Frankreich des 16. Jahrhunderts. Hier und später auch in Deutschland galt das Wurzelgemüse aufgrund seines hohen Stärke- und Zuckergehalts lange Zeit als wichtiges Grundnahrungsmittel, bis es durch den Kartoffelanbau fast völlig verdrängt wurde.

Mit dem Interesse an historischen Gemüsearten und -sorten ist die Pastinake jedoch inzwischen wieder gefragt. Und da es sie nach wie vor nicht überall zu kaufen gibt, lohnt es sich, den Doldenblütler im eigenen Garten anzubauen.

Anbau Pastinaken werden bei uns einjährig kultiviert, kommen aber erst im zweiten Jahr zur Blüte. Sie sehen aus wie weiße Möhren und werden auch ähnlich wie Möhren angebaut. Im März werden sie in einen gut gelockerten, humusreichen Boden in voller Sonne ausgesät. Sie entwickeln dann opulentes, hüfthohes Laub, das vor allem bei Sonnenschein nicht berührt werden sollte, da es fototoxische Reaktionen mit unangenehm brennenden Ausschlägen hervorrufen kann. Gute Nachbarn für die Mischkultur sind Zwiebeln.

Ernte Die Pastinakenernte beginnt im Oktober, wenn die Rüben etwa 20 Zentimeter lang sind. Wurzeln, die nicht direkt verwertet werden, können den Winter über im Boden bleiben. Bei offenem Wetter können sie bis zum Frühjahr bei Bedarf entnommen werden.

Verarbeitung Pastinaken bereitet man ähnlich wie Möhren zu. Sie ergeben ein gutes Suppengemüse und verfeinern Kartoffelpüree, schmecken aber auch gut als Beilage oder im Salat. Aufgrund ihres süßlichen Aromas und ihrer Bekömmlichkeit eignen sie sich sogar als Babykost.

Sorten Die bevorzugte Pastinakensorte ist die äußerst ertragreiche 'Halblange Weiße'. 'Aromata' besitzt eine besonders ausgeprägte Süße und feine Konsistenz und ist daher bestens für den Rohverzehr geeignet. 'Tender and True' ist eine alte englische Sorte, die auch noch im späten Frühjahr gut genießbar ist.

Medizinische Wirkung Pastinaken sind reich an Nähr- und Mineralstoffen, vor allem an Kalium. Darüber hinaus enthalten sie Vitamin C sowie größere Mengen Inulin, was sie für Diabetiker verträglich macht, aber auch gesunden Menschen zugutekommt, weil Inulin sich positiv auf die Darmflora auswirkt.

Die Pastinake zählt zu den fast vergessenen Gemüsearten – zu Unrecht. Die Knollen werden wie Möhren zubereitet und sind sehr bekömmlich und vitaminreich.

Wer Radieschen und anderes Gemüse selbst im
Garten anbaut, hat sich den Genuss redlich verdient!

Wer Radieschen nur aus dem Supermarkt kennt, wird erstaunt sein, wie viele verschiedene Sorten es für den Anbau im eigenen Garten gibt.

RETTICH UND RADIESCHEN

(Raphanus sativus var. niger und Raphanus sativus var. sativus)

Rettich und Radieschen sind Kreuzblütler und eng miteinander verwandt, botanisch aber zwei unterschiedliche Varietäten, was auch in den beiden botanischen Namen zum Ausdruck kommt. Ihre gesundheitsfördernden Inhaltsstoffe und auch ihre Kultur sind aber vergleichbar. Radieschen sind allerdings etwas milder im Geschmack und lassen sich im Gegensatz zu den späten Rettichsorten nicht lange lagern.

Rettich ist eine uralte Kulturpflanze und stammt vermutlich aus Vorderasien. Rettiche wurden angeblich bereits beim Bau der Cheopspyramide 2600 v. Chr. als Nahrungsmittel eingesetzt, um die Sklaven vor Infektionskrankheiten zu schützen und somit gesund zu halten. Nach Mitteleuropa kam die Pflanze vor 2000 Jahren durch die Römer. Die Herkunft der Radieschen ist dagegen weitgehend unklar. Sie stammen vermutlich aus der Mittelmeerregion, waren aber im Altertum unbekannt. Erste Hinweise auf die Pflanze gibt es erst ab dem 16. Jahrhundert.

Anbau Rettich und Radieschen sind anspruchslos und brauchen kein eigenes Beet. Sie können im Mai als Mischkultur zusammen mit Salat, Tomaten, Bohnen, Spinat, Kohl oder Möhren ausgesät werden, die allesamt gute Nachbarn sind. Die sich schnell entwickelnden Radieschen sät man in Folgesaaten bis zum Herbst aus. Ab Anfang Juli werden dann die späten Rettichsorten ausgesät, die besonders gesund sind und sich auch zum Lagern in der kalten Jahreszeit eignen.

Ernte Radieschen benötigen von der Saat bis zur Ernte etwa vier bis sechs Wochen, der Rettich acht bis zehn Wochen. Späte Rettichsorten sind nach zwölf Wochen reif. Damit Aroma und Festigkeit bewahrt bleiben, sollten die Wurzeln geerntet werden, bevor sie ganz ausgewachsen sind. Zu spät geerntete Rettiche werden leicht holzig und hart.

Verarbeitung Frühlings- und Sommersorten von Rettich und Radieschen halten sich nur wenige Tage im Kühlschrank. Die späten Rettichsorten kann man im Herbst in sandgefüllte Kisten an einem kühlen und trockenen Ort für mehrere Monate einlagern. Sie sollten während des Winters regelmäßig kontrolliert werden, damit faulige Exemplare aussortiert werden können. Radieschen und in dünne Scheiben geschnittenen Rettich isst man roh zu Brot oder im Salat. In Bayern steht der dort Radi genannte Rettich für eine zünftige Brotzeit auf dem Programm.

Sorten 'Rosa Ostergruß' ist ein sehr früher, dunkelrosafarbener Rettich. Der weiße mildwürzige 'Halblanger weißer Sommer' zählt zu den Sommerrettichen. 'Hilds blauer Herbst und Winter' ist eine aromatische späte Sorte, die sich lange lagern lässt. Ebenfalls lange haltbar ist der 'Schwarze Winterrettich', der an eine kleine Rübe erinnert. Unter den Radieschen finden sich folgende Sorten: Mild und festfleischig ist 'Parat' mit roten Kugeln. 'Riesenbutter' ist eine bewährte Sorte mit sehr großen Früchten. 'Eiszapfen' ist weiß und hat eine spitz zulaufende Form.

Medizinische Wirkung Geriebener Rettich oder frisch gepresster Rettichsaft gelten seit alters her als Gallenmittel und werden auch bei Leberleiden empfohlen. Rettich und Radieschen regen Stoffwechsel und Verdauung an, und die in ihnen enthaltenen Senföle wirken krampf- und schleimlösend. Sie liefern auch viel Vitamin B und C und Mineralstoffe.

REZEPT

Rettichsaft bei Husten

Zutaten:

½ Rettich
6 EL Honig

Ein Sieb über eine Schüssel platzieren und den Rettich fein in das Sieb reiben. Den Honig daraufgeben und leicht vermischen. Etwa zwei Stunden ziehen lassen. Der Honig entzieht dem Rettich die Flüssigkeit, die in der Schüssel aufgefangen werden kann. Den Saft in ein verschließbares Gefäß geben. Hält sich im Kühlschrank einige Tage. Mindestens zwei- bis dreimal täglich einen Teelöffel des Safts zu sich nehmen.

REZEPT

Frühjahrskur mit Rettich

Eine mehrwöchige Frühjahrskur mit Rettichsaft vertreibt die Frühjahrsmüdigkeit, bringt die Verdauung in Schwung und hilft bei Gicht, Rheuma und Husten. Dazu reibt man den Rettich fein und presst ihn aus. Anfangs trinkt man 100 ml Rettichsaft morgens auf nüchternen Magen. Diese Menge steigert man von Tag zu Tag bis auf 400 ml pro Tag. Anschließend wird die Menge allmählich wieder reduziert, bis man bei 100 ml angekommen ist.

Rote Beten werden seit jeher gegen Blutarmut eingesetzt. Ein kulinarischer Klassiker sind mit Zwiebeln und in Essig eingelegte Beten.

REZEPT

Rote-Bete-Suppe

Zutaten:

100 g Zwiebeln
1 kg Rote Beten
1 EL Butter
1 l Gemüsebrühe
2 säuerliche Äpfel
200 g flüssige, süße Sahne
Salz, Zucker und Pfeffer

Zwiebeln und Rote Bete schälen und in Würfel schneiden. In zerlassener Butter anschwitzen, Gemüsebrühe zufügen und in circa 15 Minuten gar dünsten. Äpfel schälen, entkernen und würfeln, zu der Suppe geben und kurz mitgaren. Sahne zugeben, alles pürieren und mit Salz, Zucker und Pfeffer würzen.

ROTE BETE *(Beta vulgaris var. vulgaris)*

Rote Beten zählen zu den verkannten Genüssen und sind im Gegensatz zu manchen anderen fast vergessenen Gartenpflanzen leider nicht zum Trendgemüse avanciert. Zu erdig ist für Viele ihr Geschmack und zu ärgerlich ihr tiefroter Saft, der unangenehme Flecken hinterlässt. Dabei macht gerade dieser rote Pflanzenfarbstoff die Bete zu einer ungemein heilkräftigen Knolle, was bereits die Mediziner der Antike zu schätzen wussten.

Das Gänsefußgewächs ist an den Küsten des Mittelmeeres zu Hause. Einst kam es mit den Römern über die Alpen in den Norden Europas. Erste Berichte über die Heilwirkung der Pflanze stammen aus der Zeit des griechischen Altertums. Dioskurides verordnete in Essig eingelegte Rote Beten bei Hautentzündungen und Infektionskrankheiten, und der Arzt Paracelsus setzte sie im 16. Jahrhundert bei Blutkrankheiten ein.

Anbau Die Kultur der Roten Beten ist einfach, denn sie gehören zu den anspruchslosesten Gemüsearten, die auch im Halbschatten auf lockerem, humosem Boden gedeihen. Sie werden ab April ins Freiland gesät. Wurde der Boden im Herbst gut mit Kompost versorgt, ist eine zusätzliche Düngung nicht nötig. Für die Mischkultur eignen sich Kohlrabi, Pflücksalat und Erbsen.

Ernte Rote Beten können je nach Sorte bereits im Spätsommer geerntet werden, die Haupternte findet aber ab Oktober statt. Bis zu den ersten Frösten halten sich die spät reifenden Knollen ohnehin am besten im Beet. Um zu verhindern, dass die Knolle verletzt wird und Saft verliert – man spricht hier vom sogenannten »Ausbluten« –, müssen die Blätter sehr vorsichtig abgedreht werden.

Verarbeitung Das volle erdige Aroma Roter Beten passt nicht nur zu deftigen Mahlzeiten, sondern auch zu feinen Fischgerichten. Beten ergeben köstliche Salate und Suppen und sind wichtigster Bestandteil des russischen Borschtsch. Sie lassen sich prima in Essig konservieren oder einkochen. In feuchtem Sand eingeschlagen halten sie sich an einem kühlen Ort einige Monate. Um blutrot gefärbte Hände zu vermeiden, sollte man zum Verarbeiten vorsichtshalber Handschuhe tragen.

Sorten Die bewährte Sorte 'Rote Kugel' kann bereits nach sieben Wochen geerntet werden. Eine alte Sorte, die sich nach wie vor großer Beliebtheit erfreut, ist die 'Ägyptische Plattrunde'. Im Handel wird auch eine Mischung aus verschiedenfarbigen Roten Beten angeboten. Sie besteht aus der gelborangefarbenen Sorte 'Burpees Golden', der weißfleischigen 'Blankoma', der roten 'Juwakugel' und der rot-weiß gestreiften, alten italienischen Sorte 'Chioggia'. Eine weißfleischige, große, runde Form der Roten Bete ist die sehr süße Sorte 'Albina Vereduna'.

Medizinische Wirkung Auch heute noch wird Rote Bete zur Vorbeugung von Erkältungen, zur Unterstützung der Blutbildung und zur Stärkung des Immunsystems empfohlen. Sie ist reich an Mineralstoffen wie Kalium, Magnesium, Calcium und Natrium sowie Vitamin C. Der rote Pflanzenfarbstoff mag problematisch bei der Zubereitung sein, er enthält jedoch den wertvollen sekundären Pflanzenstoff Betanin, der Zellen und Gefäße schützt und somit Krebserkrankungen vorbeugt.

Schwarzwurzeln sind empfindlich und müssen mit dem Spaten oder der Grabegabel ausgegraben werden.

Schwarzwurzeln sind äußerst delikat und galten früher als der »Spargel des Winters«.

SCHWARZWURZEL

(Scorzonera hispanica)

Die Wildform der Schwarzwurzel stammt aus Südeuropa, vermutlich aus Spanien, worauf ihr botanischer Name hindeutet. Im Altertum diente sie vor allem medizinischen Zwecken. Der Korbblütler galt als probates Mittel gegen Schlangenbisse und sogar gegen die Pest. Als Gemüse reüssierte die Schwarzwurzel erst um die Mitte des 17. Jahrhunderts zunächst in Frankreich, später auch in der Schweiz und in Deutschland. Wegen ihres spargelähnlichen Geschmacks galt die Pflanze auch als Spargel des Winters. Schwarzwurzeln wurden jedoch nie in großem Stil angebaut, was wahrscheinlich auf die arbeitsaufwendige Ernte und Zubereitung zurückzuführen ist. Nichtsdestoweniger machten sie in den vergangenen Jahren auch in Feinschmeckerkreisen auf sich aufmerksam. Schwarzwurzeln schmecken nicht nur gut, sie sind auch gesund und durch die vielen Inhaltsstoffe die beste Stärkung in der kalten Jahreszeit.

Anbau Schwarzwurzeln sät man im April in einen tiefgründigen, humosen Boden in voller Sonne.

Ernte Schwarzwurzeln sind winterhart und werden von Oktober bis zum Frühjahr geerntet. Da die Wurzeln leicht abbrechen, müssen sie von Hand mit einem Spaten ausgegraben werden.

Verarbeitung Schwarzwurzeln sondern beim Schälen oder wenn die Oberhaut verletzt wird, einen milchigen Saft ab, der Haut und Kleidung unangenehm verfärbt. Um das zu vermeiden, kann man die Wurzeln unter fließendem Wasser schälen oder Einmalhandschuhe verwenden. Man kann aber auch die ungeschälten Wurzeln kochen und nach dem Garen schälen. Üblicherweise dünstet man Schwarzwurzeln ähnlich wie Spargel in Salzwasser und kann sie dann auch ebenso wie Spargel zubereiten. Wird das Gemüse nicht sofort verarbeitet, hält es sich, in einem feuchten Tuch eingeschlagen, einige Tage im Kühlschrank. Gegart lässt es sich aber auch gut einfrieren.

Sorten 'Schwarzer Peter' ist eine alte Sorte mit halblangen zylindrischen Wurzeln, die leichter zu ernten sind. Die Sorte 'Einjährige' hat lange Wurzeln.

Medizinische Wirkung Schwarzwurzeln sind reich an Eiweiß, Mineralstoffen, Vitamin E und C und vor allem Inulin, das sich positiv auf die Darmflora auswirkt und das Gemüse zudem auch für Diabetiker gut bekömmlich macht.

SELLERIE *(Apium graveolens)*

Die Urform unseres heutigen Selleries ist der Sumpfsellerie, der im Mittelmeergebiet heimisch ist. Archäologische Funde beweisen, dass Sellerie bereits im alten Ägypten und in den antiken Kulturen Griechenlands und Italiens als Garten- und Heilpflanze verwendet wurde. Obwohl er in Ägypten vor allem im Totenkult Verwendung fand und bei Trauerzeremonien als unverzichtbares Gericht galt, war er stets auch ein Attribut des Ruhmes. Bei Wettkämpfen und Festspielen im antiken Griechenland wurden die Sieger oft mit einem Kranz aus Selleriezweigen geehrt. Homer preist in seiner Odyssee den Sellerie als das Lieblingsgemüse der Zauberin Kalypso. Seitdem haftet der Knolle der Ruf eines Aphrodisiakums an, obwohl die erotisierende Wirkung des Selleries niemals nachgewiesen werden konnte.

In Mittel- und Westeuropa ist der Doldenblütler seit dem Mittelalter vor allem als Heilpflanze bekannt, wobei vor allem die Blätter und Blüten Verwendung fanden. Der Anbau als Gemüse blieb bis zum 18. Jahrhundert auf Hof- und Klostergärten beschränkt, wo die Pflanze züchterisch so bearbeitet wurde, dass es zur Ausbildung der uns bekannten Knollen, aber auch des Stangenselleries kam. Während in England und auch in den Mittelmeerländern der Stangensellerie sehr beliebt ist, wird in Deutschland der Knollensellerie bevorzugt.

Anbau Man kann Sellerie im Februar auf der Fensterbank vorziehen und nach den letzten Frösten in den Garten pflanzen. Doch das ist ein mühsamer Zeitvertreib, denn die Saat benötigt konstante Temperaturen. Einfacher ist es, kräftige Jungpflanzen beim Gärtner zu kaufen und sie nach den Eisheiligen auszupflanzen. Dabei muss das Herz der Pflanze oberhalb des Bodens bleiben. Zu tief gepflanzter Sellerie bildet nämlich keine Knollen. Als Starkzehrer benötigt Sellerie nährstoffreiche, mit Kompost gut versorgte Böden in voller Sonne. Er liebt Kalium, das man ihm in Form von Holzasche zuführen kann. Ist es im Sommer zu trocken, muss gewässert werden. Gute Nachbarn sind Lauch und Bohnen. In Verbindung mit Kohl wehrt Sellerie mit seinem starken Duft den Kohlweißling ab.

Ernte Sellerie wird ab September geerntet, wächst aber auch weiter bis zu den ersten Frösten. So lange kann man ihn auf dem Beet stehen lassen.

Verarbeitung Der erdige, würzige Geschmack des Selleries passt gut zu deftigen Winter-

REZEPT

Sellerie-Birnen-Saft

Zutaten:

1 Staudensellerie
1-2 reife Birnen
Saft einer Zitrone

Sellerie putzen und die Blätter entfernen, dann in Stücke schneiden. Die Birne vierteln und das Kerngehäuse entfernen. Birnen und Sellerie im Entsafter auspressen und den Saft der Zitrone dazugeben.

gerichten. Dafür wird die Knolle gesäubert und in Würfel geschnitten. Ein Küchenklassiker mit Sellerie ist Waldorfsalat. Zum Konservieren kann man die Knollen im Keller in feuchten Sand einschlagen. Sollen sie in erster Linie als Suppengemüse verwendet werden, kann man sie in Würfel geschnitten und kurz blanchiert auch gut einfrieren.

Sorten 'Bergers Weiße Kugel' hat große, runde Knollen mit einem ausgeprägten Aroma. Die Sorte 'Mars' entwickelt helle Knollen und dunkelgrünes, aufrechtes Laub. 'Monarch' ist eine bewährte Sorte, die auch beim Kochen ihre weiße Farbe behält.

Medizinische Wirkung Sellerie ist reich an Vitamin C, A und E sowie an Mineralstoffen und Flavonoiden. Er wirkt schmerzlindernd, blutdrucksenkend, antirheumatisch und entgiftend. Seine ätherischen Öle wirken beruhigend auf das Zentralnervensystem.

TOPINAMBUR *(Helianthus tuberosus)*

Topinambur ist auch unter dem Namen Erdartischocke bekannt. Ihre Heimat ist Lateinamerika, wo die Knollenfrucht von den Indianern seit jeher sehr geschätzt wurde. Einem Indianerstamm, den Tupinambas aus Brasilien, verdankt sie auch ihren für unsere Ohren etwas eigentümlichen Namen. Anfang des 17. Jahrhunderts brachten Seefahrer den Korbblütler nach Frankreich, und bald galten die Knollen der Pflanze in der Pariser Haute Cuisine als Delikatesse, und ihr Ruf als Feinschmeckergemüse verbreitete sich auch in Italien und Deutschland. Bis um die Mitte des 18. Jahrhunderts gab es hierzulande ausgedehnte Anbauflächen. Das ungezügelte Wachstum und die etwas unförmige Knolle von Topinambur haben dazu beigetragen, dass sie von der Kartoffel verdrängt wurde. Inzwischen erlebt aber auch dieses traditionsreiche Gemüse ein Comeback, wahrscheinlich wegen des Inulingehalts. Für Diabetiker ist Topinambur deshalb sehr gut geeignet und hilft außerdem erwiesenermaßen beim Abnehmen. Interessant sind die Knollen für die Küche, die oberirdischen Triebe sind aber durchaus auch erwähnenswert. Mit einer Wuchshöhe von zwei bis drei Metern kann Topinambur als attraktiver lebender Sichtschutz gepflanzt werden. Sie wächst recht dicht und buschig und entwickelt von August bis November viele hübsche, gelbe Körbchenblüten, die die Verwandtschaft der Pflanze mit der Sonnenblume sehr eindeutig beweisen.

Topinambur punktet auch mit hübschen Blüten.

Anbau Die Kultivierung ist denkbar einfach. Im Frühjahr werden die Knollen etwa 20 Zentimeter tief in den mit Kompost gut vorbereiteten Boden gesteckt. Am besten gibt man Topinambur einen Platz, an dem sie sich ausbreiten kann, oder setzt den Wurzeln durch eine Wurzelsperre Grenzen.

Ernte Bei offenem Wetter können die frostharten Knollen im Herbst und den ganzen Winter über geerntet werden.

Verarbeitung Man sollte die Knollen umgehend nach der Ernte verarbeiten, denn sie trocknen schnell aus. Roh erinnern Aroma und Konsistenz von Topinambur ein wenig an Kokosnuss. Gedünstete Knollen haben einen nussartigen, artischockenähnlichen Geschmack. Man kann sie zu Rösti, Püree oder Suppe verarbeiten.

Sorten 'Gföhler Rote' bildet kleine, sehr zahlreiche, zum Teil verzweigte dunkelrote Knollen. 'Fuseau' ist eine französische Feinschmeckersorte mit länglichen Knollen, brauner Schale und weißem, sehr aromatischem Fleisch. 'Bianca' bildet weiße, rundliche, nussartig schmeckende Knollen und gedeiht auch auf mageren Böden.

Medizinische Wirkung Topinambur ist reich an Eiweiß, Kalium, Eisen und Vitamin C, was

Wie viele fast vergessene Gemüsearten hat sich auch Topinambur wieder einen Platz auf den Speisezetteln ambitionierter Köche gesichert.

die Knollen vor allem in der kalten Jahreszeit zu einer willkommenen Nahrungsergänzung macht. Saponine als sekundäre Pflanzenstoffe können das Krebsrisiko reduzieren. Wegen seines hohen Gehalts an Inulin ist Topinambur zudem wertvoll für Diabetiker. Die Stabilisierung des Blutzuckerspiegels durch das Inulin hat darüber hinaus einen effektiven Nebeneffekt: Sie zügelt den Appetit, weswegen Topinambur auch beim Abnehmen hilft.

REZEPT

Topinambur-Puffer

Zutaten:
1 kg Topinambur
1 Gemüsezwiebel
3 EL Mehl
2 Eigelb
Salz, Pfeffer, Öl

Topinambur waschen, Zwiebel schälen und beides grob raspeln. Mit Mehl und Eigelb vermischen und mit Salz und Pfeffer würzen. Öl in einer Pfanne erhitzen. Topinamburteig portionsweise in die Pfanne geben und goldbraun braten.

Kräuter – kleine Menge, große Wirkung

Man braucht sie zum Würzen und zum Verfeinern, sie enthalten viele gesunde Inhaltsstoffe und sollen über Heilkräfte verfügen – Kräuter sind noch nie so beliebt gewesen und wurden noch nie so vielseitig angewendet. Es findet sich überall ein Plätzchen für die gesunden und dekorativen Pflanzen, ob im Garten oder auf Balkon oder Terrasse.

Kräuter früher und heute

Heilkräuter und Heilpflanzen sind nicht nur eine Zierde für den Garten – ihre heilende Wirkung kann man sich auch leicht zunutze machen.

Eine Handvoll frisch gepflückter Kräuter aus dem Garten verleiht jeder Speise ein köstliches Aroma. Dank der ätherischen Öle, Alkaloide, Gerb- und Schleimstoffe und anderer Inhaltsstoffe dienen Kräuter aber auch seit jeher als Arznei. Kräuterkenntnisse sind aus allen Hochkulturen überliefert und bildeten jahrtausendelang die Basis des medizinischen Wissens. In jüngster Zeit hat die Rückbesinnung auf natürliche Heilverfahren das alte Wissen um die Heilkraft der Kräuter neu ins Bewusstsein gerufen.

Früher wurden Heilkräutergärten nach strengen Ordnungsprinzipien angelegt. Schließlich konnten Verwechslungen dramatische Folgen haben. So war es üblich, Kräuter, die ähnliche Krankheiten kurierten, in einem Beet zusammenzufassen, oder man kombinierte Kräuter derselben Familie. Es ist interessant, dass beispielsweise Kräuter aus der Familie der Korbblütler wie Schafgarbe oder Ringelblume bei rauer Haut oder äußerlicher Wundheilung eingesetzt werden, während etwa Lippenblütler wie Minze und Melisse krampflösende Eigenschaften haben.

Heute fassen wir den Gestaltungsspielraum mit Kräutern ein bisschen weiter. Auch wenn wir zumeist in erster Linie die inneren Werte dieser Pflanzen schätzen, so haben wir inzwischen auch ihre zierenden Qualitäten erfasst. Kräuter finden ihren Platz ganz selbstverständlich im Blumenbeet, aber auch im Gemüsegarten, wo sie nicht nur hübsch aussehen, sondern auch gute Dienste bei der Schädlingsabwehr leisten. So schützt Schnittsellerie Kohlkulturen vor Erdflöhen und Raupen, Salbei, Rosmarin, Thymian und Minze schrecken den Kohlweißling ab und Bohnenkraut hält Läuse von Bohnen fern.

ANBAU, ERNTE UND VERWENDUNG

Wird ein Kraut für Heilzwecke verwandt, so ist die Qualität besonders wichtig. Bereits das Pflücken der Pflanzen ist eine Kunst für sich, denn das Grundprinzip besteht darin, Blüten, Blätter oder Wurzeln der Kräuter genau dann zu sammeln, wenn ihre Inhaltsstoffe am höchsten sind. Für den oberirdischen Teil der Pflanze ist das für gewöhnlich der frühe Mittag eines Sommertages, wenn der Tau bereits getrocknet ist, die Sonne die Pflanzen aber noch nicht verbrannt hat. An Regentagen oder kurz nach einem Schauer sollte man aufs Sammeln verzichten, denn die Nässe würde die Kräuter schimmeln lassen. Wurzeln werden morgens oder am Abend gesammelt, weil dann die Wirkstoffkonzentration am höchsten ist.

Geerntet werden ausschließlich Blätter ohne Makel. Um gesunde Pflanzen zu kultivieren, benötigen sie genau den Standort, der ihnen zusagt. Wie für alle Pflanzen gilt auch hier, dass Kräuter an Plätzen, die ihrem Naturstandort ähnlich sind, am besten gedeihen. So gefällt es Mittelmeerkräutern wie Salbei oder Thymian auf kargen und vor allem durchlässigen Böden in voller Sonne, Minze oder Petersilie hingegen mögen einen nährstoffreichen, eher feuchten Boden und kommen auch in halbschattigen Lagen gut zurecht.

Sehr praktisch ist eine Kräuterspirale, denn in ihr lassen sich Pflanzen mit ganz unterschiedlichen Standortansprüchen auf kleinstem Raum kultivieren. Mediterrane Asketen wie Rosmarin, Lavendel oder Thymian finden hier ebenso Platz wie Minzen, die es lieber feucht und nährstoffreich mögen. Schneckenhausartig windet sich

die Kräuterspirale nach oben. Die Seitenwände werden mit Steinen befestigt, die die Sonnenwärme speichern und sie an die Pflanzen abgeben. Eine Kräuterspirale unterteilt sich grob in vier Bereiche: eine Wasserzone, eine Feuchtzone, eine halbschattige und eine mediterrane Zone. Die feuchten Zonen liegen im unteren Bereich der Spirale und sind ideal für Minzen, im mittleren Bereich fühlen sich beispielsweise Petersilie und Melisse wohl und der trockene Platz ganz oben ist perfekt für Salbei, Thymian, Lavendel und Rosmarin. Die Kräuterspirale sollte an einem sonnigen Standort im Garten platziert werden. Die entstehenden Beete werden zur Hälfte mit Schotter und Kies aufgefüllt, darauf kommen die für die jeweiligen Kräuter passenden Substrate. Der Boden am Fuß der Spirale ist nährstoffreich und wird mit reifem Kompost gemischt, der obere Bereich ist durchlässig und sandig und wird mit Kalk angereichert. Für die Wasserzone wird das Erdreich etwa 40 Zentimeter tief ausgehoben und mit Teichfolie ausgelegt. Ein fließender Übergang zwischen Wasser, Ufer und Umgebung versorgt auch die etwas trockeneren Bereiche noch mit Wasser.

Für Heilzwecke kann man sowohl frische als auch getrocknete Kräuter verwenden. Frische Kräuter sind wirksamer, dafür stehen getrocknete Kräuter das ganze Jahr über zur Verfügung. Heilkräuter lassen sich zu Tee, Salben oder Tinkturen verarbeiten. Grundsätzlich sollten diese aber nur bei eher harmlosen Unpässlichkeiten angewendet werden und immer in der richtigen Dosierung. Ansonsten ist ein Einsatz, auch bei längerer Anwendung, immer mit dem Arzt abzusprechen.

Darüber hinaus sollte man sich stets bewusst machen, dass Pflanzen Drogen sein können, deren Wirkstoffe die Grundlagen verschiedenster moderner Pharmazeutika sind. Denn es ist ein Irrglaube, dass Kräuter generell nicht schaden können.

Kräuterporträts

BASILIKUM *(Ocimum basilicum)*
Basilikum wird automatisch mit der italienischen Küche in Verbindung gebracht, aber ursprünglich stammt der Lippenblütler aus Indien. Dort heißt die Pflanze »Tulsi« und gilt als heiliges Kraut, das Gesundheit, Wohlstand und Fruchtbarkeit verheißt. In der Ayurveda-Medizin wird Tulsi als lebensverlängernd beschrieben. Es soll das Immunsystem stärken, den Stoffwechsel verbessern und beim Abbau von Stress und mentalen Spannungen helfen. Deshalb wird Tulsi vor allem als Tee und in der Aromatherapie verwendet.
Aber auch die antiken Heiler Europas kannten Basilikum bereits als Heilpflanze, und Hildegard von Bingen empfahl es als Mittel gegen Sprachstörungen. Wir lieben Basilikum eher als Würzkraut, aber auch hier kommen seine wertvollen Inhaltsstoffe gut zur Wirkung.
Anbau Basilikum wird hierzulande einjährig kultiviert und bevorzugt einen nährstoffreichen, warmen und durchlässigen Boden in sonniger Lage. Der Anbau ist nicht ganz einfach: Das Kraut verträgt keine Dauernässe, das Substrat sollte aber stets feucht gehalten werden. Ferner benötigt Basilikum einen windgeschützten Standort, ist überaus frostempfindlich und ein Leckerbissen für alle Schnecken der Umgebung. Daher ist es auf jeden Fall sicherer, Basilikum im Gefäß zu kultivieren. Im Topf an einem warmen Platz kann man auch schon ab März mit der Aussaat beginnen. Da Basilikum ein Lichtkeimer ist, werden die Samen nur ganz dünn mit Erde bedeckt. Ab Mitte Mai können die Pflänzchen dann ins Freiland gesetzt oder in größere Töpfe pikiert werden.
Ernte Zwischen Juni und Oktober werden immer ganze Blatttriebe gepflückt. So wird die Pflanze am Blühen gehindert und dazu angeregt, stets neue Blätter zu entwickeln.
Verarbeitung Basilikumblätter würzen Salate, Suppen und Saucen sowie Pasta-, Fleisch- und Gemüsegerichte. Sie sollten allerdings nie mitgekocht werden, da sie dann stark an Aroma verlieren. Man fügt sie kurz vor dem Servieren bei. Obwohl viele Kräuter gut getrocknet werden können, ist bei Basilikum davon abzuraten, denn die Blätter verlieren erheblich an Aroma. Konservieren lässt es sich am besten im Gefrierfach oder als Pesto. Basilikum-Pesto wird ebenso zubereitet wie Bärlauch-Pesto (Rezept siehe Seite 97). Die Mandeln werden durch Pinienkerne ersetzt.
Sorten Am bekanntesten und beliebtesten ist die Sorte 'Genoveser'. Diese wächst rasch und entwickelt relativ große Blätter mit dem bekannten würzigen Aroma. Die Blätter des griechischen Buschbasilikums *Ocimum minimum* sind wesentlich kleiner, aber dennoch sehr geschmacksintensiv. Die Pflanze wächst strauchartig und ist sehr zierend. Die Sorte 'Chianti' besticht mit rotbraunem, die Sorte 'Rubin' mit purpurfarbenem Laub. Das berühmte Tulsi der Inder heißt botanisch *Ocimum tenuifolium* und wird in der asiatischen Küche zum Würzen von Currygerichten und gebratenem Fleisch serviert, findet jedoch vor allem medizinische Verwendung.
Medizinische Wirkung Basilikum wirkt appetitanregend, fördert die Verdauung und hilft bei Magen- und Darmstörungen. Darüber hinaus wirkt es beruhigend und enthält als sekundäre Pflanzenstoffe Flavonoide und Saponine, die schleimlösend wirken.

Da auch Schnecken den Geschmack von Basilikum unwiderstehlich finden und das Kraut nicht an jedem Standort gedeiht, empfiehlt sich der Anbau im Topf.

In manchen Regionen bewahrt Bohnenkraut auch im Winter seine Blätter und kann daher als immergrüne Beeteinfassung eingesetzt werden.

BOHNENKRAUT *(Satureja montana)*

Das Winter- oder Bergbohnenkraut zählt mit seinem pfeffrigen Aroma zu den ältesten Gewürzkräutern überhaupt. Die Römer gaben die Blätter des mehrjährigen Lippenblütlers als Würze in Saucen und Essig. Nach Nordeuropa kam die Pflanze vermutlich im 9. Jahrhundert durch Mönche, die das Kraut in ihren Klostergärten anbauten. Es entwickelte sich rasch zu einem volkstümlichen Gewächs, das auch wegen seiner verdauungsfördernden Wirkung in den Gärten seinen festen Platz hatte.

Anbau Bohnenkraut benötigt einen eher mageren, durchlässigen Boden in voller Sonne. Im Frühjahr kann ausgesät werden, dabei bedeckt man das Saatgut nur dünn mit Erde, da Bohnenkraut ein Lichtkeimer ist. Besser ist es jedoch, eine Jungpflanze zu setzen. Meist wird nicht mehr als eine Pflanze benötigt, denn an zusagendem Standort breitet sich Bohnenkraut gerne aus. Im Spätsommer kann der kleine Halbstrauch mit den weißen bis blassrosafarbenen Blüten aber auch durch Stecklinge vermehrt werden. Er macht sich gut als Einfassungspflanze und ist der ideale Nachbar von Bohnen, von denen er Läuse fernhält.

Ernte Die schmalen lanzettlichen Blätter können laufend geerntet werden, in milden Gegenden sogar im Winter. Am aromatischsten sind sie jedoch vor der Blüte im Juli.

Verarbeitung Bohnenkraut macht deftige Eintopf- und Bohnengerichte bekömmlicher. Es sollte stets lange mitgekocht werden. Die frischen und getrockneten Blätter ergeben einen wohltuenden Tee. Zum Trocknen werden Bohnenkrautbüschel kopfüber an einen luftigen, warmen Platz gehängt. Sind sie trocken, werden die schmalen Blättchen von den Stängeln gestreift und in luftdichten Gläsern aufbewahrt.

Medizinische Wirkung Bohnenkraut wirkt verdauungsfördernd und hat eine entkrampfende und keimtötende Wirkung.

REZEPT

Bohnenkraut-Mundwasser

Zutaten für 1 l:

30 g Bohnenkraut (getrocknet)
1 l Wasser

Das Bohnenkraut in ein Gefäß geben und mit dem kochenden Wasser übergießen. Zehn Minuten ziehen lassen und dann das Kraut abseihen. Bei Entzündungen des Mundraums drei- bis viermal täglich mit dem Mundwasser spülen.

Bohnenkraut dient nicht nur als Würze, sondern ergibt auch einen wohltuenden Tee.

BORRETSCH *(Borago officinalis)*

In allen historischen Überlieferungen wird Borretsch als ein Kraut beschrieben, das fröhlich stimmt, die Lebensgeister weckt und das Herz beruhigt. »Ich, Borretsch, bringe immer Freude!«, schrieb einst Plinius der Ältere. Aus pharmakologischer Sicht sind diese dem Raublattgewächs zugeschriebenen positiven Eigenschaften heute nicht mehr nachvollziehbar. Aber vielleicht war es ja dieses einzigartig intensive Blau seiner kleinen Sternenblüten, das den Menschen über die Jahrhunderte hinweg so zu Herzen ging und sie glücklich machte. Doch enthält das einjährige Kraut durchaus heilkräftige Inhaltsstoffe. Ursprünglich stammt es aus der Mittelmeerregion, hat sich aber hierzulande so akklimatisiert, dass es sogar verwildert.

Anbau Borretsch benötigt einen nahrhaften, durchlässigen Boden in sonniger Lage. Die Aussaat erfolgt im Frühjahr. Einmal etabliert, samt er sich immer wieder selbst aus.

Ernte Ab Juni können die Blätter fortlaufend bis zu den ersten Frösten gesammelt werden. Verwendet werden die jungen, noch samtweichen Blättchen. Alte Blätter sind hart, rau und ungenießbar.

Verarbeitung Borretschblätter sollten stets frisch verwendet werden. Sie welken schnell und lassen sich auch nicht konservieren. Der Beiname Gurkenkraut gibt bereits einen Hinweis auf das Aroma von Borretsch. Die Blätter würzen Salate, Quark, Eierspeisen und Saucen. Die Blüten sind ebenfalls essbar und machen sich gut als Dekoration auf Salaten oder Drinks.

Medizinische Wirkung Borretsch enthält harntreibende, krampflösende und fiebersenkende Eigenschaften sowie Kieselsäure, die Haut, Haare und Fingernägel in Schuss hält. Doch Vorsicht: Man sollte das Kraut nur in Maßen zu sich nehmen, denn die im Borretsch enthaltenen Pyrrolizidinalkaloide scheinen in hoher Dosierung leberschädigende und krebserregende Wirkung zu haben. Hier gilt einmal mehr der berühmte Ausspruch von Paracelsus: »Allein die Dosis macht das Gift.«

DILL *(Anethum graveolens)*

Dill zählt zu den ersten Kräutern, deren Anbau schriftlich beurkundet ist. Schon im alten Ägypten nutzte man die einjährige Pflanze als beruhigende Medizin und – wie später die Griechen und Römer – zum Würzen. In die Regionen nördlich der Alpen kam der Doldenblütler vermutlich durch Mönche, die ihn in ihren Klostergärten anbauten. Im Mittelalter wurde der Dill als Zauberkraut, das vor Hexerei und Verwünschungen schützen sollte, gepriesen.

Anbau In den Garten bringt Dill mit seinem gefiederten hellgrünen Laub und den flachen zitronengelben Blütendolden eine elegante Note. Vor allem im Gemüsebeet sollten immer ein paar Dillpflanzen stehen, denn sie wirken sich positiv auf das Wachstum von Möhren, Kohl, Rote Bete, Salat und Zwiebeln aus. Ausgesät wird ab April auf einen nahrhaften, feuchten Boden in voller Sonne.

Die Blüten des Borretschs sind von einem geradezu betörenden Blau, das für seinen etwas unordentlichen Wuchs entschädigt. Im Garten samt sich die Pflanze gern selbst aus.

Ernte Die frisch-würzigen Blätter des Dills können während des ganzen Sommers gepflückt werden. Dillsamen wird geerntet, wenn die Körner langsam braun werden.
Verarbeitung Getrocknete Dillsamen werden zum Einlegen von Gurken verwendet und ergeben einen wohltuenden Tee. Blätter und Blüten des Dills würzen Salate, Suppen, Saucen, Marinaden und Fischgerichte und sollten möglichst frisch verwertet werden. Da Dill beim Trocknen stark an Aroma verliert, ist es sinnvoller ihn zur Konservierung einzufrieren.
Sorten 'Fearnleaf' ist eine niedrige, kompakt wachsende Sorte und die beste für die Gefäßkultur. 'Tetra' ist besonders ertragreich und toleriert auch heftigen Wind. 'Dukat Elefant' blüht sehr spät, und die Sorte 'Sari' punktet mit einem besonders intensiven Aroma.
Medizinische Wirkung Ähnlich wie der Fenchel hilft ein Tee aus Dillsamen bei Blähungen, Magenkrämpfen und Verdauungsstörungen sowie bei Schlaflosigkeit. Dill ist reich an Mineralsalzen und findet daher gute Verwendung bei einer salzfreien Diät. Bei stillenden Müttern regt er die Milchproduktion an.

REZEPT

Dillsamentee

Zutaten für 1 Tasse:

1 TL Dillsamen
250 ml Wasser

Die Samen im Mörser zerstoßen und dann mit dem kochenden Wasser übergießen. Nach etwa zehn Minuten die Samen abseihen und den Tee – nach Belieben – mit etwas Honig süßen.

KÜMMEL *(Carum carvi)*

Kümmel ist eine der ältesten Heilpflanzen der Menschheit und wurde bereits in Überresten steinzeitlicher Mahlzeiten, in ägyptischen Gräbern und an Rastplätzen der Karawanen der Seidenstraße gefunden. Schon Dioskurides empfahl Kümmel als Zugabe zu schwer verdaulichen Speisen, und im Mittelalter trug man Beutel mit Kümmelkörnern um die Brust, um sich vor bösen Geistern zu schützen. Ursprünglich in Vorderasien und in den Mittelmeerländern zu Hause, kommt der zweijährige Doldenblütler heute in ganz Europa vor.
Anbau Kümmel liebt einen tiefgründigen, nahrhaften Boden in voller Sonne. Ab April wird er direkt ins Freiland gesät und nur dünn mit Erde bedeckt, denn Kümmel ist ein Lichtkeimer. Im ersten Jahr erscheint nur eine Blattrosette, erst im zweiten Jahr nach der Aussaat bildet Kümmel weiße Doldenblüten und Samen. Im Gemüsebeet fördert Kümmel als Randpflanzung das Aroma von Kartoffeln, Kohl und Roter Bete.
Ernte Die gefiederten Kümmelblätter können bereits im ersten Jahr geerntet werden, die Samen erst im zweiten und zwar sobald sie sich braun verfärben.
Verarbeitung Die mild schmeckenden Blätter würzen Gemüsegerichte und Salate. Sind die Samen braun, werden die Dolden abgeschnitten und zum Nachreifen an einen luftigen, warmen Platz gehängt. Nach der Trocknung werden sie von den Dolden abgerieben und in Säckchen oder Dosen aufbewahrt.
Medizinische Wirkung Ein Tee aus Blättern des Kümmels hilft bei Verdauungsbeschwerden, bei Blähungen und Koliken. Monoterpene senken den Cholesterinspiegel und sollen auch vorbeugend gegen Krebserkrankungen wirksam sein. Die Samen des Kümmels sind ebenfalls verdauungsfördernd und machen schwere Fleischgerichte, Suppen und Eintöpfe bekömmlicher.

MELISSE *(Melissa officinalis)*

Schon in der Antike wurde die Melisse als Heilkraut hoch geschätzt. Plinius der Ältere setzte frischen Melissesaft als Mittel gegen grauen Star und Hysterie ein. Im 11. Jahrhundert kam die mehrjährige Pflanze mit den Arabern nach Spanien, und von dort aus breitete sie sich langsam in ganz Mitteleuropa aus, wo sie vor allem in den Klöstern kultiviert wurde. Hier entstand auch erstmals der berühmte Melissengeist. Hildegard von Bingen schrieb, dass die Melisse das Herz glücklich mache, und auch volkstümliche Namen wie »Herztrost« oder »Herzkraut« verweisen auf die weitreichende Verwendung des Lippenblütlers bei Herzkrankheiten und melancholischen Zuständen. Für den Arzt Paracelsus galt die Pflanze gar als »Elixier des Lebens«.
Anbau Melisse benötigt einen nahrhaften, frischen und durchlässigen Boden in voller Sonne. Die Aussaat erfolgt im Frühjahr, man kann die Pflanze aber auch durch Wurzelteilung im Herbst vermehren. Meistens ist das allerdings nicht nötig, denn an ihr zusagenden Plätzen breitet sie sich gerne selbst aus. Im Juni erscheinen kleine weiße Blüten, die eine hervorragende Bienenweide und darüber hinaus auch dekorativ sind.
Ernte Geerntet werden die jungen Blätter, und zwar während der gesamten Vegetationsperiode. Ihr Geschmack ist jedoch kurz vor der Blüte am intensivsten.
Verarbeitung Melisse sollte stets frisch verwendet werden. Man kann die Blätter zwar auch trocknen, sie verlieren dann aber an Aroma. Für die Vorratshaltung empfiehlt sich deshalb eher das portionsweise Einfrieren der frischen Blätter im Gefrierfach. In der Küche ist Melisse überall da gut einsetzbar, wo ein feines Zitronenaroma ohne die typische Säure der Zitrone gefragt ist, etwa bei Saucen, Suppen, Salaten, Fischgerichten und Mayonnaisen.

Kümmel ist ein altehrwürdiges Kraut und in vielen Kulturen seit Jahrtausenden in Verwendung. Die hübschen weißen Doldenblüten erscheinen aber erst im zweiten Jahr nach der Aussaat.

Sorten 'Aurea' punktet mit goldgelbem Laub, 'Variegata' hat grün-gelb panaschierte Blätter.

Medizinische Wirkung Die zitronenartig duftenden Blätter der Melisse wirken als Tee aufgegossen beruhigend und lindern Kopfweh und Migräne. Die ätherischen Öle der Pflanze haben krampflösende und verdauungsfördernde Eigenschaften. Es konnte sogar eine virenhemmende Wirkung nachgewiesen werden, was besonders bei der Behandlung von Herpeserkrankungen eine wichtige Rolle spielen könnte.

REZEPT

Melissentee

Zutaten für 1 Tasse:

1 EL Melisse (getrocknet)
250 ml Wasser

Wasser aufkochen und über die Melisse gießen. Zehn Minuten ziehen lassen, dann abseihen und den Tee nach Belieben mit Honig gesüßt genießen.

Kräuter im eigenen Garten anzubauen ist spielend einfach und äußerst praktisch, da sie stets frisch und portionsweise geerntet werden können.

Minzen bestechen durch eine unglaubliche Vielfalt. Es gibt sie in Dutzenden verschiedener Duft- und Geschmacksnoten. Am bekanntesten für ihre Heilwirkung ist die Pfefferminze.

MINZE *(Mentha sp.)*
In den arabischen Ländern ist der Duft frischer Minze allgegenwärtig. Es sind Länder, in denen die Hitze Mikroorganismen begünstigt und die Minze nicht allein Frische spendet, sondern mit ihrer in höchstem Maße antiseptischen Wirkung einen echten Schutz vor Krankheiten darstellt.
Die antiseptische Wirkung der Minze war bereits im Altertum bekannt. Sowohl Dioskurides als auch Plinius der Ältere empfahlen Minze bei Magenschmerzen, Brechreiz und Kopfweh. Und Walahfrid Strabo schrieb im 9. Jahrhundert in seinem berühmten Gartengedicht »Hortulus«, dass »... wer alle Kräfte, Arten und Namen der Minzen vollständig aufzählen kann, ebenso gut auch sagen könnte, wie viele Fische im Roten Meer schwimmen oder wie viele Funken der Ätna auswirft«. Der Abt maß dem mehrjährigen Lippenblütler nicht nur eine besondere Bedeutung bei, es wird außerdem deutlich, dass die Minze bereits damals mit einer üppigen Vielfalt aufwartete. Inzwischen gibt es mehr als 600 Sorten, von denen vor allem die Pfefferminze für ihre Heilwirkung bekannt ist.
Anbau Alle Minzen lieben einen nahrhaften, feuchten Boden in halbschattigen oder sonnigen Lagen. Vermehrt wird durch Stecklinge im Sommer oder Wurzelteilung im Herbst. Minzen breiten sich durch unterirdische Ausläufer sehr stark aus. Sie benötigen deshalb unbedingt eine Rhizomsperre oder werden im Topf angebaut. Im Juli erscheinen violette bis rosafarbene, ährengleiche Blüten.
Ernte Die jungen Blätter und Triebe können frisch während der gesamten Vegetationsperiode geerntet werden.
Verarbeitung Frische Minzeblätter kann man als Tee aufgießen, sie würzen aber auch Saucen und Hammelfleisch. Zum Trocknen werden die Blätter mit den Stängeln abgeerntet, gebündelt und mit dem Kopf nach unten an einen luftigen, warmen Platz gehängt. Rascheln die Blätter bei Berührung, werden sie vom Stängel getrennt und in einem verschlossenen Glas aufbewahrt. Frische Minzblätter lassen sich aber auch gut portionsweise einfrieren.
Sorten Die Englische Wasserminze *(Mentha cervina)* ist eine alte Heilpflanze und eine vorzügliche Zierpflanze am Gartenteich. Am bekanntesten für ihre Heilwirkung ist die Pfefferminze *(Mentha* x *piperita)*, deren Blätter den typischen krampflösenden Tee ergeben. Es gibt ansonsten viele verschiedene Sorten in unterschiedlichen Geschmacks- und Duftnoten, von Bananen-Minze über Basilikum-Minze bis Schokominze ist alles zu haben.
Medizinische Wirkung Ein Tee aus Minze ist wirksam bei Magen- und Darmerkrankungen und wirkt zudem verdauungsfördernd. Die in Minze enthaltenen Monoterpene senken den Cholesterinspiegel und wirken sich positiv auf die Reduzierung des Krebsrisikos aus. Vor allem die stark mentholhaltigen Arten und Sorten schaffen Erleichterung bei Erkältungen und Kopfweh, wenn man ihre ätherischen Öle einatmet.

REZEPT

Pfefferminzmaske gegen unreine Haut

Zutaten:

1-2 Handvoll frische Pfefferminzblätter
1 EL Heilerde
3-4 EL Naturjoghurt
1-2 EL Honig

Pfefferminzblätter mit der Heilerde in eine Schüssel geben und mit dem Pürierstab pürieren. Joghurt und Honig unterrühren, bis eine homogene Masse entsteht. Diese auf das Gesicht auftragen und nach etwa 20 Minuten mit warmem Wasser abwaschen.

REZEPT

Tee gegen Blähungen

Zutaten für 1 Tasse:

5 g getrocknete Kamillenblüten
5 g getrocknete Pfefferminzblätter
5 g getrockneter Baldrian

250 Milliliter Wasser zum Kochen bringen und damit die Kräutermischung übergießen. Den Tee etwa eine halbe Stunde ziehen lassen, dann die Kräuter abseihen. Nach Belieben mit Honig süßen.

Oregano gehört zu den Kräutern, die sich gut trocknen lassen. Dafür werden einzelne Sträußchen kopfüber an einem luftigen Ort aufgehängt.

OREGANO *(Origanum vulgare)*
Oregano, Wilder Majoran oder Gewöhnlicher Dost kennen wir als typisches Pizzagewürz, doch er verfügt auch über heilkräftige Inhaltsstoffe. Dioskurides berichtete, dass Blätter und Blüten des Krauts, mit Wein getrunken, gegen den Biss wilder Tiere helfen, und Aristoteles erzählte, dass Schildkröten, nachdem sie eine Schlange verschlungen hätten, Oregano fräßen, um nicht zu sterben. Die Griechen schätzten den mehrjährigen Oregano ganz offensichtlich und gaben ihm seinen Namen. »Oros ganos« bedeutet Bergwonne, und wer je erlebt hat, wie der herbsüße Duft des Krautes in der Glut des Sommers die griechische Landschaft erfüllt, wird diese Bezeichnung verstehen.

Der mehrjährige Lippenblütler stammt ursprünglich aus dem Mittelmeerraum, kommt inzwischen aber in ganz Europa, Asien und Nordafrika vor.

Anbau Oregano schätzt einen trockenen, mageren, durchlässigen Boden in voller Sonne. Man kann ihn ab April ins Freiland säen, aber auch durch Wurzelausläufer vermehren. Die rosafarbenen Blüten erscheinen von Juli bis September und sind eine gute Bienenweide.

Ernte Die jungen Blätter und Triebspitzen können laufend geerntet werden, in milden Wintern sogar während der kalten Jahreszeit. Am aromatischsten sind die Blätter jedoch kurz vor der Blüte.

Verarbeitung Oregano würzt Pizza, Tomaten, Fleisch und Suppen. Man kann ihn frisch verwenden, aber er lässt sich auch gut trocknen. Dafür bindet man belaubte Stängel zusammen und hängt sie kopfüber an einen luftigen, warmen Ort. Die getrockneten Blätter werden dann abgerieben und in verschlossenen Gläsern aufbewahrt.

Sorten *Origanum vulgare* 'Aureum' hat gelbgrüne Blätter, 'Compactum' bildet niedrige Polster und 'Country Cream' hat weißgrünpanaschiertes Laub.

Medizinische Wirkung Als Tee aufgegossen hilft Oregano bei Husten, Kopfweh, Magen- und Gallenbeschwerden. Darüber hinaus besitzt er antibakterielle und entzündungshemmende Wirkstoffe und schafft äußerlich angewendet Linderung bei Schwellungen und Gliederschmerzen.

PETERSILIE *(Petroselinum crispum)*

Petersilie stammt ursprünglich aus dem Mittelmeerraum und wurde schon in der Antike als Heilkraut hoch geschätzt. Eine erste schriftliche Erwähnung findet sich bei Plinius dem Älteren, der ihre krausen Blätter beschreibt. Erste Hinweise auf den Einsatz der Petersilie als Heilpflanze lieferte Dioskurides, der in seiner »Materia Medica« bei Blähungen, Nieren- und Magenschmerzen Petersilie empfahl. In die Regionen nördlich der Alpen gelangte das zweijährige Doldengewächs mit römischen Legionären.

Hier galt Petersiliensamen bald auch als wirksames Abtreibungsmittel, das sich die Prostituierten des Mittelalters rasch zunutze machten. Sie setzten die Petersilie darüber hinaus aber auch als potenzsteigerndes Mittel ein; Straßen, in denen sich Bordelle befanden, hießen häufig »Petersiliengasse«.

Hildegard von Bingen wusste das Kraut wiederum ganz anders zu nutzen. Sie empfahl einen Sud aus Petersilie und Wein bei jeder Art von Herzbeschwerden. Als Hausmittel zur Regulierung des Blutdrucks, zur Stärkung des Herzens und Vitalisierung des Kreislaufs wird Hildegards sogenannter »Herzwein« noch heute eingesetzt. Doch trotz ihrer nachweisbar heilenden und kräftigenden Qualitäten machte die Petersilie hierzulande ab dem 16. Jahrhundert eher als unverzichtbares Küchenkraut Karriere. Noch heute ist sie bei uns neben dem Schnittlauch die vermutlich am meisten genutzte Würzpflanze.

REZEPT

Der Herzwein der Hildegard von Bingen

Zutaten:

10 Petersilienstängel mit Blättern
1 EL Weinessig
1 l Weißwein
300 g Bienenhonig

Petersilie mit Essig und Wein aufkochen und zehn Minuten ziehen lassen. Honig zufügen und weitere vier Minuten ziehen lassen. Die Temperatur des Weines sollte beim Zugeben des Honigs nicht über 40° C liegen, da sonst die wertvollen Wirkstoffe des Honigs verloren gehen. Den heißen Herzwein in Flaschen abfüllen, die zuvor mit hochprozentigem Alkohol ausgespült wurden.

Anbau Der Doldenblütler liebt einen feuchten, nährstoffreichen Boden in sonniger bis halbschattiger Lage. Er ist nicht kälteempfindlich und kann im Frühjahr direkt ins Freiland gesät werden. Petersilie ist nicht selbstverträglich, ein Fruchtwechsel sollte deshalb immer erfolgen. Im Juni erscheinen grüngelbe Doldenblüten. Gute Nachbarn in der Mischkultur sind Tomaten, Zwiebeln, Radieschen und Rettich, denen man Petersilie auch als schmucke Beeteinfassung zur Seite pflanzen kann.

Ernte Die je nach Sorte glatten oder gekrausten Blätter können das ganze Jahr hindurch geerntet werden, sogar in nicht allzu kalten Wintern, wenn die Pflanze mit Reisig abdeckt wird.

Verarbeitung Die zerkleinerten Blätter der Petersilie würzen Kartoffeln, Salate, Gemüse, Suppen und Saucen. Sie sollten jedoch nicht mitgekocht werden, denn Aroma und Inhaltsstoffe der Petersilie kommen frisch am besten zur Wirkung. Wenige Tage lang kann man das Kraut in einer Plastiktüte im Kühlschrank lagern. Größere Vorräte sollte man portionsweise einfrieren, da Petersilie zu den Kräutern gehört, die beim Trocknen stark an Aroma einbüßen.

Sorten Am aromatischsten ist die glattblättrige Italienische Petersilie *(Petroselinum crispum* var. *neapolitanum)*. Die bekannteste Sorte ist 'Mooskrause' mit gekrausten Blättern.

Medizinische Wirkung Mit ihrem hohen Vitamin-C-Gehalt wirkt die Petersilie belebend und hilft bei Frühjahrsmüdigkeit. Sie regt den gesamten Verdauungsvorgang an und wirkt harntreibend. Man kann aus den Blättern einen Tee zubereiten oder sie großzügig über Salate und Suppen streuen.

Hier hat man die Qual der Wahl: Die glatte Italienische Petersilie gilt als die aromatischste Sorte. Dagegen hat die mildere, krausblättrige Variante auch dekorative Qualitäten.

ROSMARIN *(Rosmarinus officinalis)*
Rosmarin ist an den steinigen, sonnigen Hängen des Mittelmeers zu Hause und war in der Antike der Göttin Aphrodite geweiht. Dioskurides erwähnte die wärmende Kraft des Rosmarins und seine Heilwirkung bei Gelbsucht. Gleichwohl fand die Pflanze im Altertum eher als Duft- und Zierpflanze Verwendung. Mönche brachten das mehrjährige Kraut im Mittelalter in die Länder nördlich der Alpen, und in den Klöstern entdeckte man dann auch die heilende Wirkung des Lippenblütlers. Im 19. Jahrhundert betonte der Pfarrer und Hydrotherapeut Sebastian Kneipp besonders die verdauungsfördernde und herzstärkende Wirkung der Pflanze.

Wegen seines starken Duftes galt Rosmarin aber auch seit jeher als wirksames Mittel gegen jede Art von bösem Zauber. Taufpaten legten dem Kind einen Rosmarinzweig in die Wiege, bevor die Myrte in Mode kam, trugen Bräute Kränze aus Rosmarin bei ihrer Hochzeit, und war jemand gestorben, legte man ihm ein Sträußchen Rosmarin mit in den Sarg. So begleitete die Pflanze den Menschen durchs ganze Leben. Sein Duft war es auch, der Rosmarin zum Bestandteil eines der ersten destillierten Parfums werden ließ. Dieser Mix aus ätherischen Ölen und Alkohol wurde 1370 registriert und hieß nach der Königin Elisabeth von Ungarn »Ungarisches Wasser«. Der Legende nach heilte das Wasser die fast siebzigjährige Regentin von Gicht und Rheuma und bescherte ihr die Kraft und Schönheit eines jungen Mädchens. Fortan wurde das Rosmarindestillat zu einem der ersten populären Parfums. Heute enthält Kölnischwasser nach wie vor Rosmarinöl.

Anbau Im mediterranen Klima seiner Heimat wächst Rosmarin zu einem mannshohen Busch heran, hierzulande ist das selten der Fall. Obwohl es schon einige winterharte Sorten gibt, übersteht Rosmarin harte Winter nur schlecht und wird deshalb in der Regel im Topf gezogen. Die kalte Jahreszeit kann er dann an einem frostfreien Ort im Haus verbringen. Rosmarin benötigt einen leichten, durchlässigen und trockenen Boden in voller Sonne. Man kann ihn ab April in Schalen auf der Fensterbank vorziehen und nach den letzten Spätfrösten ins Freiland setzen. Einfacher ist die Vermehrung durch Stecklinge im Hochsommer. In Gärtnereien gibt es vorgezogene Pflanzen in verschiedenen Sorten zu kaufen. Die blauen Blüten des Rosmarins erscheinen in milden Wintern bereits im März.

Ernte Die immergrünen, nadelartigen Blätter und Zweige des Rosmarins können das ganze Jahr über geerntet werden.

Verarbeitung Die Blätter und Triebspitzen des Rosmarins werden am besten frisch verwendet. Sie würzen Lamm- und Schweinefleischgerichte, Suppen und Kartoffelgratins und sollten erst kurz vor der Zubereitung zerkleinert werden, denn die ätherischen Öle werden in gerebeltem Zustand schnell ranzig. Zur Haltbarmachung lässt sich Rosmarin gut trocknen.

Sorten Die Sorten 'Arp', 'Boule' und 'Veitshöchheim' punkten mit beträchtlicher Winterhärte. Dekorativ ist die kriechende Sorte 'Santa Barbara', 'Majorca Pink' trägt rosafarbene Blüten.

Medizinische Wirkung Im Mittelalter wurde Rosmarin hauptsächlich zur Stärkung und Beruhigung der Nerven eingesetzt. Ein Tee aus Rosmarin fördert die Durchblutung und stabilisiert den Kreislauf, was wiederum bei Erschöpfungszuständen, bei Müdigkeit und Trägheit hilft. Zudem wirkt Rosmarin leicht antibakteriell und beugt vorzeitiger Arteriosklerose vor.

REZEPT

Rosmarinhaarspülung

Zutaten:

1 Bund Rosmarinzweige
1 l Wasser
1 TL Apfelessig
einige Spritzer Zitronensaft

Bei geringer Hitze den Rosmarin für etwa zehn Minuten im Wasser köcheln lassen. Abkühlen lassen und den Rosmarin abseihen. Apfelessig und einige Spritzer Zitronensaft hinzugeben. Nach dem Haarewaschen damit die Haare spülen.

REZEPT

Rosmarinbad

Zutaten:

3-4 gehäufte EL Rosmarin (getrocknet)
0,75 l Wasser

Den Rosmarin im Wasser zum Sieden bringen und 20 Minuten ziehen lassen. Dann die Blätter abseihen und das Rosmarinwasser ins Badewasser gießen.

Rosmarin duftet nicht nur wohltuend, sondern ist auch ein echter Alleskönner: Er beruhigt die Nerven und fördert die Durchblutung.

Der herbsüße Duft des Rosmarins ist Sommer pur.
Er erinnert an sonnenüberflutete Hänge an
der Mittelmeerküste, wo die Pflanze auch zu Hause ist.

Auf diese Weise lässt sich Salbei optimal trocknen, denn die einzelnen Blätter bekommen genug Luft, um nicht zu schimmeln.

SALBEI *(Salvia officinalis)*
Der Name Salbei wird abgeleitet vom lateinischen »salvere«, was »gesund sein« und »heilen« bedeutet und bereits aussagt, wie hoch die Römer die Pflanze als Heilkraut schätzten. Sie verwendeten Salbei als blutstillendes, harntreibendes und menstruationsförderndes Mittel. Die Römer waren es auch, die den kleinen Halbstrauch mit dem aromatischen grauen Laub in die Gärten nördlich der Alpen brachten, wo er sich bald fest etablierte. »Warum sollte ein Mensch sterben, in dessen Garten Salbei wächst«, lautete ein Sprichwort. Bis weit ins 19. Jahrhundert hinein war es üblich, sich mit Salbeiblättern die Zähne zu putzen. Mit dem raufilzigen Laub des Lippenblütlers ließen sich Speisereste gut entfernen, und die ätherischen Öle und weitere Inhaltsstoffe sorgten für frischen Atem, töteten Bakterien ab und beugten Entzündungen vor.

Anbau Wie die meisten Mittelmeergewächse liebt Salbei einen durchlässigen, trockenen Boden in voller Sonne und übersteht an diesem idealen Standort selbst längere Kälteperioden erstaunlich gut. Man kann Salbei im April in Schalen auf der Fensterbank aussäen und ihn ab Mai ins Freiland setzen. Einfacher ist die Vermehrung durch Stecklinge im Sommer. Bereits vorgezogene Pflanzen gibt es in der Gärtnerei. Die hellvioletten Blüten des Salbeis sind eine gute Bienenweide. Aufgrund ihrer stark aromatischen Blätter schützt die Pflanze aber auch Rosen und Stauden vor Raupen, Läusen und Schnecken. Gute Nachbarn sind weiterhin Fenchel, Kohl, Möhren, Erbsen und Bohnen.

Ernte Die frischen Blätter können das ganze Jahr über geerntet werden. Selbst in mäßig kalten Wintern, wenn die Blätter schon etwas schrundig erscheinen, sind sie noch immer sehr aromatisch.

gesprenkeltes Laub. Die buntblättrigen Sorten sind allerdings nicht zuverlässig winterhart.

Medizinische Wirkung Ein Tee aus Salbeiblättern wirkt entzündungshemmend bei Erkältungen und Halsschmerzen. Er stimuliert die Sinne, unterstützt Herz und Kreislauf und beugt Ermüdung vor. Zudem regeneriert das Kraut die Leber und ist verdauungsfördernd. Sowohl Bäder mit Salbeiextrakten als auch Salbeitee haben sich als wirksam gegen Hitzewallungen in den Wechseljahren erwiesen.

REZEPT

Salbei-Rheumabad

Zutaten für 1l:

eine Handvoll frische Salbeiblätter

Ein Salbeibad lindert rheumatische Beschwerden. Entweder die Salbeiblätter direkt in das warme Badewasser geben. Alternativ die Blätter mit heißem Wasser übergießen, einige Minuten ziehen lassen, die Blätter abseihen und dann den Auszug dem Badewasser hinzufügen.

Verarbeitung Salbeiblätter würzen Bohnen- und fette Fleischgerichte und machen sie bekömmlicher. Werden sie nicht frisch verwendet, kann man sie auch trocknen. Dafür hängt man Salbeisträuße in einen warmen, luftigen Raum. Sie müssen sehr locker gebunden werden, denn die filzigen Blätter schimmeln leicht. Rascheln die Blätter bei leichter Berührung, werden sie von den Stielen abgestreift und in luftdichten Gläsern aufbewahrt.

Sorten Die Sorte 'Würzburg' hat besonders breite Blätter und einen kompakten Wuchs. 'Purpurascens' hat purpurrotes, 'Aurea' gelbgrünes und 'Tricolor' weiß und rosafarben

Schnittlauch kennen wir vor allem als Würzkraut. Mit seinen violetten Blüten schmückt er aber auch jedes Blumenbeet.

SCHNITTLAUCH *(Allium schoenoprasum)*
Neben der Petersilie zählt Schnittlauch zu unseren beliebtesten Küchenkräutern. Bereits vor 4000 Jahren wurde er in China angebaut, und in Zentralasien vermutet man auch seine Heimat. Über das Mittelmeergebiet verbreitete er sich langsam Richtung Westen und Norden. Heute kommt das mehrjährige Zwiebelgewächs praktisch in fast ganz Europa wild oder verwildert vor. Seine Karriere als unverzichtbares Kraut in der Küche nahm in Deutschland ihren Anfang im Jahr 812, als Karl der Große seinen Pächtern in seiner Landgüterverordnung den Anbau von Schnittlauch empfahl. Schnittlauch ist eng verwandt mit Zwiebel, Porree und Knoblauch, sein Aroma ist jedoch ungleich feiner.
Anbau Schnittlauch schätzt einen nährstoffreichen, ausreichend feuchten, aber gut dränierten Boden an einem sonnigen oder halbschattigen Standort. Man kann ihn im Frühjahr aussäen oder durch Teilung der Horste im Herbst vermehren. Alle zwei bis drei Jahre sollte die Pflanze nach der Blüte durch Rückschnitt und Teilung verjüngt werden. Als Randbepflanzung von Gemüsebeeten vertreibt Schnittlauch Schädlinge wie zum Beispiel die Möhrenfliege. Gute Nachbarn sind neben Möhren auch Dill, Erdbeeren, Kapuzinerkresse, Kohlrabi, Petersilie, Sellerie, Spinat und Tomaten. Schnittlauch lässt sich auch gut im Gefäß kultivieren.
Ernte Am aromatischsten sind die röhrenförmigen Blätter vor der Blüte im Juni. Die Halme treiben aber weiter bis in den Herbst und können jederzeit geschnitten werden.
Verarbeitung Schnittlauch sollte immer direkt nach dem Schnitt verwendet werden. Er würzt Suppen, Saucen, Salate, Eier- und Quarkspeisen – oder man streut ihn aufs Brot.
Medizinische Wirkung Schnittlauch enthält viel Vitamin A und C und ist reich an Eisen, Kalium, Calcium, Phosphor und Magnesium. Er wirkt appetitanregend, verdauungsfördernd und harntreibend sowie leicht blutdrucksenkend. Außerdem hilft er bei einem zu hohen Cholesterinspiegel.

THYMIAN *(Thymus vulgaris)*
Die heilende Wirkung des Thymians wird seit jeher hoch geschätzt. Im Altertum benutzten die Ägypter Thymian wegen seines starken Duftes und der keimtötenden Wirkung beim Einbalsamieren ihrer Toten. Plinius der Ältere beschrieb ihn im ersten Jahrhundert n. Chr. als Heilkraut, und Dioskurides setzte ihn bei Erkrankungen der Atemwege ein. Benediktinermönche brachten den kleinen Halbstrauch dann im 11. Jahrhundert nach Mitteleuropa. Hier wurde er in den Klostergärten angebaut.
Anbau Als Pflanze, die an den sonnigen Hängen des Mittelmeers zu Hause ist, benötigt auch der Thymian einen durchlässigen, warmen, trockenen Boden in voller Sonne. In kalten Gegenden ist Winterschutz aus Reisig empfehlenswert. Solchermaßen geschützt kann der Lippenblütler meistens sogar ganzjährig geerntet werden. Die Aussaat erfolgt im Frühjahr, wobei die Samen nur dünn mit Erde bedeckt werden, da Thymian ein Lichtkeimer ist. Einfacher ist die Kultivierung allerdings mit vorgezogenen Pflanzen aus der Gärtnerei. Das aromatische Kraut wehrt Läuse ab und kann als schützende Einfassung gepflanzt werden. Die weißen bis rosafarbenen Blüten des Thymians erscheinen im Juni.
Ernte Die jungen Triebspitzen sind am aromatischsten vor der Blüte. Sie können aber während der gesamten Vegetationsperiode abgezupft werden.
Verarbeitung Thymian ist ein wunderbares Würzkraut für schwere Fleisch- und Kartoffelgerichte, die es bekömmlicher macht. Man kann die Blätter frisch verwenden. Zur Konservierung hängt man Thymiansträußchen zum Trocknen in einen luftigen, warmen Raum. Die getrockneten Blättchen werden abgestreift und in luftdichten Gläsern aufbewahrt.
Sorten Die Sorte 'Argenteus' hat weißgrünes, 'Archers Gold' grüngelbes Laub. Zitronenthymian *(Thymus* x *citriodorus)* ist eine zitronig duftende Variante.
Medizinische Wirkung Schon Hildegard von Bingen empfahl Thymian bei Atemnot, Asthma und Keuchhusten, und die heilsame Wirkung des Krauts auf die Atemwege wird auch heute noch genutzt. Ein Tee aus Blättern hat eine krampfstillende Wirkung, ein kalter Auszug hilft als Gurgelmittel bei Entzündungen im Mund- und Rachenraum.

REZEPT

Thymiantee

Zutaten für 1 Tasse:

1 TL getrockneter Thymian
250 ml Wasser

Thymian in eine Schüssel geben. Das Wasser zum Kochen bringen und über den Thymian gießen, etwa zehn Minuten ziehen lassen. Anschließend den Thymian abseihen und den Tee nach Belieben mit etwas Honig gesüßt zu sich nehmen.

REZEPT

Thymiantinktur bei Zahnschmerzen

Zutaten für 0,5 l:

10 g Thymian (getrocknet)
10 g Rosmarin (getrocknet)
10 g Oregano (getrocknet)
0,5 l Branntwein

Die Kräuter in eine verschließbare Flasche geben und mit dem Branntwein aufgießen. Etwa zwei Wochen ziehen lassen, dann die Kräuter abseihen. Bei Zahnschmerzen oder Entzündungen des Mundraums mit der Tinktur spülen.

Heilpflanzen – schön und hilfreich

Die Grenzen zwischen Kräutern und Heilpflanzen sind fließend. Die gesunden und heilenden Kräfte von Kräutern sind jedoch meistens bekannt, die Wirkstoffe vieler Zierpflanzen, die hier als Heilpflanzen vorgestellt werden, sind dagegen häufig nicht bekannt, in Vergessenheit geraten oder gerade erst entdeckt worden.

Heilpflanzen nutzen

Ringelblumen und viele andere Heilpflanzen bereichern den Garten in vielerlei Hinsicht: Sie sind bunte Farbtupfer im Beet und lassen sich leicht zu Salben, Tees und vielem mehr verarbeiten.

Die meisten der hier vorgestellten Gewächse sind uns in erster Linie als wunderbare Gartenpflanzen vertraut, die mit bunten Blüten entzücken oder gut duften. Dass neben Kamille, Johanniskraut oder Ringelblume auch Katzenminze, Lavendel oder Malven eine heilende Wirkung besitzen, ist uns dabei gar nicht immer bewusst.

Unsere Urahnen wussten noch um ihre heilende Wirkung und nutzten ihre Inhaltsstoffe zur Selbstmedikation eifrig – sicher auch mangels einer Alternative. So wurden einige der heilsamen Pflanzen schon seit Jahrhunderten in unseren Gärten kultiviert, wie etwa die Ringelblume, der Baldrian oder der Frauenmantel. Unsere Vorfahren verarbeiteten ihre Blüten und Blätter zu Tees oder Salben oder stellten aus den Wurzeln heilsame Tinkturen her. Heute siedeln wir diese Pflanzen in der Regel aus ästhetischen Gründen im Garten an, zum Beispiel weil die Ringelblume so fröhlich stimmt und so leicht zu kultivieren ist. Von der beruhigenden Wirkung des Baldrians haben wir alle zwar schon gehört, aber in den Beeten ziehen wir ihn vor allem wegen des süßen Duftes seiner rosafarbenen Blüten. Und der Frauenmantel interessiert uns in erster Linie als formidabler Rosenbegleiter – obwohl schon der Name darauf verweist, dass die Pflanze bei Frauenleiden aller Art Abhilfe schaffen kann.

Auch bei Pflanzen, die einst aus fernen Ländern in unsere Gärten kamen, treten die inneren Werte selten offen zutage. Der leuchtende Purpursonnenhut und die feuerrot strahlende Indianernessel machen sich einfach prächtig in Gräserbeeten oder gemischten Rabatten, und genau deshalb wählen wir sie für den Garten aus. Dabei ist es gar nicht schwer, die Schönheit dieser Pflanzen zu genießen und sich gleichzeitig ihre wertvollen Inhaltsstoffe zunutze zu machen. Neben dem Vorteil, kleine Unpässlichkeiten selbst auf natürliche Weise – und meist äußerst effektiv – behandeln zu können, macht es auch einfach Spaß, sich das alte Heilpflanzenwissen wieder anzueignen und es anzuwenden. Das ist im Allgemeinen nicht nur sehr einfach,

sondern auch kostensparend, und man benötigt außer den in den meisten Haushalten vorhandenen Küchengeräten auch keine besondere Ausrüstung.

Bei den in diesem Kapitel vorgestellten Heilpflanzen handelt es sich ausschließlich um Gewächse, deren Inhaltsstoffe ohne weitere Vorkenntnisse erprobt werden können, indem beispielsweise Tee aus den Blättern gekocht oder Salben und Tinkturen aus den Blüten hergestellt werden. Dennoch sollten Sie bei längerer Anwendung mit Ihrem Arzt Rücksprache halten. Nicht berücksichtigt werden hochgiftige Pflanzen wie beispielsweise der Fingerhut oder das Maiglöckchen. Diese sind zwar ohne Frage ungemein zierend im Garten und ihre Wirkstoffe auch medizinisch wertvoll, aber der Umgang mit ihnen erfordert viel Wissen. Zur Selbstmedikation sind sie deshalb nicht geeignet, weil dies einfach zu gefährlich wäre.

Heilpflanzenporträts

REZEPT

Arnikatinktur

Zutaten für 750 ml:

eine Handvoll frische Arnikablüten
etwa 750 ml 50%iger Alkohol

Die Blüten in eine verschließbare Flasche geben und mit dem Alkohol übergießen. Die Mischung etwa vier Wochen lang ziehen lassen. Dann die Blüten abseihen und die Tinktur zurück in die Flasche füllen. Sie hält sich mindestens ein Jahr und ist ideal geeignet für Umschläge bei Verstauchungen.

ARNIKA *(Arnica montana)*
Weil sie vor allem auf mageren Bergwiesen wild wächst, ist die Arnika auch unter dem etwas sperrigen Namen »Bergwohlverleih« bekannt. In den antiken Schriften wird sie nicht erwähnt, und als Heilkraut fand Arnika vermutlich erst seit dem Mittelalter Verwendung. Damals kultivierten die Bauern sie in ihren Gärten und bereiteten aus den Blüten eine Tinktur zu, die sie bei Einzündungen jedweder Art einsetzten. In den Klöstern behandelte man Prellungen mit Arnika, und auch ihre durchblutungsfördernde Eigenschaft wurde hier erkannt. Johann Wolfgang von Goethe etwa beruhigte mit Extrakten aus Arnika sein »flatterndes Herz«, und von Pfarrer Sebastian Kneipp ist der Satz bekannt: »Arnika ist nicht mit Gold zu bezahlen.« Angeblich gurgelte der Pflanzenheilkundler und Hydrotherapeut jeden Tag mit Arnikatee und behandelte Blutergüsse, Quetschungen oder schmerzende Muskulatur mit Kompressen aus Arnikatinktur. Eine wirklich herausragende Bedeutung als Heilpflanze erlangte die Staude indes erst, seit im vergangenen Jahrhundert das Interesse an alternativen Heilmethoden und pflanzlicher Medizin wieder erwachte.
Die mehrjährige Pflanze steht in Deutschland allerdings unter Naturschutz. Wer Arnikablüten sammeln will, muss sie also schon im eigenen Grün anbauen.
Anbau Die Kultur im Garten gestaltet sich jedoch bisweilen schwierig, weil Arnika ausschließlich auf saurem, nährstoffarmem und durchlässigem Boden wächst, also besonders gern auf Magerrasen, Moorwiesen und Heideflächen. Der Standort sollte zudem sonnig sein. Unter diesen Bedingungen etabliert sie sich indes rasch, bildet schnell kleine Horste und samt sich gut aus. Ihre dottergelben, immer etwas zerzaust wirkenden Blüten ziehen Bienen und Schmetterlinge an. Die Vermehrung erfolgt am besten durch Wurzelteilung im Sommer.
Medizinische Wirkung Arnikablüten enthalten Flavonoide und den entzündungshemmenden Wirkstoff Helenalin, der zudem schmerzstillende und antiseptische Eigenschaften aufweist. Die Blüten werden zu Salben und Tinkturen verarbeitet, die als Wundheilmittel bei Sportverletzungen und auch bei rheumatischen Beschwerden eingesetzt werden. Die innere Anwendung von Arnika sollte nur unter ärztlicher Aufsicht geschehen, da eine Überdosierung Übelkeit, Erbrechen und Herzrasen auslösen kann. Außerdem löst die Pflanze bei manchen Menschen Allergien aus.
Ernte Geerntet werden ausschließlich die duftenden Körbchenblüten, die ab Juni erscheinen.
Verarbeitung Zum Trocknen werden die Blüten im luftigen Schatten ausgebreitet und öfter gewendet. Sie sollten auf keinen Fall in der prallen Sonne, auf der Heizung oder im Backofen getrocknet werden, da sie sonst rasch welken. Sind sie trocken, bewahrt man sie in luftdichten Gläsern an einem dunklen Ort auf.

BALDRIAN *(Valeriana officinalis)*
Bereits der botanische Name der Pflanze weist auf die heilende Wirkung des Baldrians hin, denn das lateinische »valere« bedeutet »kräftig, gesund sein«. Das mehrjährige Geißblattgewächs ist in ganz Europa und weiten Teilen Asiens zu Hause, und überall dort wurde vor allem die Baldrianwurzel schon früh als Heilmittel eingesetzt. Dioskurides empfahl

Die dottergelben Blüten der Arnika sind eine Zierde im Garten und eine prächtige Bienenweide.

Den auf hohen, schlanken Stielen stehenden, zartrosafarbenen Blüten des Baldrians entströmt ein süßer Duft.

Baldrian beruhigt, ohne zu ermüden und ist daher eine sanfte Alternative zu Tranquilizern.

Baldrian als erwärmendes Mittel mit harntreibender und menstruationsfördernder Wirkung, und Hildegard von Bingen setzte ihn gegen Gicht ein. Die wertvollste Eigenschaft von Baldrian, nämlich seine beruhigende und dabei keineswegs ermüdende Wirkung, entdeckte man allerdings erst im 19. Jahrhundert.

Anbau Im Garten kann Baldrian zu einer mannshohen Staude heranwachsen, die jedoch durch ihr gefiedertes Laub und die im Juni erscheinenden, süß duftenden Blütendolden in zartem Rosa niemals aufdringlich wirkt, sondern stets duftig und dezent erscheint. Die Pflanze bevorzugt einen tiefgründigen, humosen Boden in sonniger Lage. Die Vermehrung erfolgt im Frühjahr durch Aussaat oder Wurzelteilung im Herbst.

Ernte Für die Ernte einzelner Wurzelstücke muss die Pflanze auf jeden Fall einige Jahre alt und gut eingewachsen sein, damit sie nicht abstirbt. Geerntet wird im Herbst.

Verarbeitung Die Wurzeln werden gesäubert und mit kaltem Wasser kurz abgespült. Anschließend werden sie in kleine Stücke geschnitten und an einem warmen Platz möglichst schnell getrocknet. Bei niedriger Hitze, etwa 40 °C, können die Wurzeln auch im Backofen trocknen oder im Dörrgerät. Aufbewahrt werden sie in einem luftdichten Glas. Die frische Baldrianwurzel ist geruchlos, der charakteristische Duft entwickelt sich erst beim Trocknen. Für einen beruhigenden Tee werden zwei Teelöffel Baldrianwurzel zwölf Stunden lang in einer Tasse mit kaltem Wasser eingeweicht (Kaltauszug). Nach dem Abseihen wird der Tee erwärmt.

Medizinische Wirkung Ein Tee aus den Wurzeln des Baldrians hilft bei allen Zuständen von Nervosität, Schlaflosigkeit und psychosomatisch bedingten Krankheiten. Weil Baldrian zudem nicht müde macht, kann ein Tee auch bei Prüfungsangst eingesetzt werden. Einige Tropfen Baldrianblütenextrakt im Gießwasser beleben die Bodenorganismen und wirken wie ein biologischer Dünger.

Für Baldrianblütenextrakt übergießt man die Blüten mit Regenwasser und lässt den Extrakt einige Tage ziehen.

REZEPT

Schlummertrunk mit Baldrianwurzel

Zutaten für 0,75 l Tee:

- 5 g Baldrianwurzel
- 5 g getrocknete Lavendelblüten
- 5 g getrocknete Melissenblätter
- 5 g getrocknetes Johanniskraut

Für einen Tee bringen Sie 0,75 l Wasser zum Kochen und übergießen damit die Kräuter. Etwa zehn Minuten ziehen lassen und dann die Kräuter abseihen. Schmackhafter, jedoch alkoholhaltig, ist der Schlummertrunk mit Rotwein. Den Rotwein in ein Gefäß schütten und die Kräuter dazugeben. Umrühren und zwei Tage abgedeckt ziehen lassen. Dabei regelmäßig umrühren. Anschließend die Kräuter abseihen und den Wein in eine saubere, verschließbare Flasche stellen und im Kühlschrank aufbewahren. Vor dem Zubettgehen ein kleines Gläschen davon trinken.

FRAUENMANTEL *(Alchemilla sp.)*
Der Name Alchemilla kommt von dem arabischen »alkemelych«, Alchemie. Er bezieht sich darauf, dass die mittelalterlichen Alchemisten versuchten, aus den kristallenen Tautropfen, die sich in den Blättern der Pflanze sammeln, allerlei mystische Tränke, ja sogar Gold herzustellen. Den Germanen war die mehrjährige Pflanze heilig und sie kurierten damit eine ganze Reihe von Frauenleiden. Später wurde sie von der christlichen Kirche annektiert, die ihr den Namen »Marienmantel« gab. Im Garten schätzen wir das Rosengewächs als attraktive Staude, die im Juni mit ihren grüngelben, nach Honig duftenden Blütenwolken und dem flächig-runden, am Rand gewellten Laub die Beete ziert.
Anbau Frauenmantel benötigt nahrhafte, durchlässige, eher feuchte Böden. Er mag Sonne, kommt aber auch im Schatten zurecht und ist im Beet ein idealer Rosenbegleiter und eine gute Füllpflanze. Frauenmantel kann ausgesät werden, einfacher ist es, Jungpflanzen aus der Gärtnerei zu setzen. Eine Vermehrung funktioniert auch durch Teilung kräftiger Pflanzen. Hat sich der Frauenmantel erst einmal etabliert, samt er sich leicht selbst aus.
Ernte Blätter können den ganzen Sommer über geerntet werden. Um möglichst lange frisches Erntegut zu haben, wird der Frauenmantel nach der Blüte zurückgeschnitten. Das Laub treibt dann wieder aus.
Verarbeitung Für einen Tee kann man frische und getrocknete Blätter verwenden. Zum Trocknen wird Frauenmantel während der Blüte geschnitten, zum Strauß gebunden und kopfüber an einem warmen, luftigen Ort aufgehängt.
Medizinische Wirkung Die frischen und getrockneten Blätter und Blüten des Frauenmantels ergeben einen krampflösenden Tee, der nach wie vor hauptsächlich in der Frauenheilkunde zum Einsatz kommt. Das liegt wahrscheinlich an den enthaltenen Pflanzenhormonen, die dem weiblichen Progesteron ähneln. Dadurch werden Mangelzustände ausgeglichen, die zu Menstruationskrämpfen und zu Wechseljahrbeschwerden führen.

Die Indianernessel ist ein Blickfang im Beet. Ihre Blüten und Blätter lassen sich zu einem magenstärkenden Tee verarbeiten.

INDIANERNESSEL *(Monarda didyma)*
Die Indianernessel kam um 1740 von Nordamerika nach Europa und war vor allem im 19. Jahrhundert in vielen Liebhabergärten zu finden. Die große Zeit des Lippenblütlers kam allerdings erst, als sich die Züchter des 20. Jahrhunderts der mehrjährigen Pflanze mit den markanten, im Juni erscheinenden Blütenquirlen annahmen und viele wunderbare Sorten hervorbrachten, die seither unsere Staudenrabatten zieren. Die Indianernessel besitzt einen hohen Gehalt an ätherischen Ölen, sodass die gesamte Pflanze einen aromatischen, bergamotteartigen Duft verströmt.
Anbau Im Garten liebt die Indianernessel nährstoffreiche, feuchte Böden in voller Sonne. Die Vermehrung erfolgt durch Aussaat im Frühjahr oder Wurzelteilung im Herbst. Indianernesseln sind anfällig für Mehltau, der aber vermieden werden kann, wenn der Boden ausreichend feucht ist.
Ernte Die Blätter können während der gesamten Vegetationsperiode bei Bedarf geerntet werden, die Blüten werden im Sommer gepflückt.
Verarbeitung Die frischen Blätter werden als Tee zubereitet, schwarzem Tee verleihen sie eine dezente Earl-Grey-Note. Zur Konservierung bindet man die Indianernessel zu Sträußen und lässt sie kopfüber an einem warmen, luftigen Ort trocknen. Danach streift man Blätter und Blüten von den Stängeln und bewahrt sie in einem luftdichten Glas auf.
Sorten 'Marshals Delight' ist eine robuste, wenig mehltauanfällige Sorte mit Blüten in kräftigem Rosa. Ebenfalls sehr gesund sind die scharlachrote 'Squaw', die himbeerfarbene 'Pink Supreme' und die Sorte 'Fireball', die mit einem satten Purpurrot aufwartet. Die rosafarbene 'Beauty of Cobham' kommt auch auf etwas trockenerem Boden zurecht.
Medizinische Wirkung Die Oswego-Indianer bereiten aus den Blättern und Blüten der Monarde einen magenstärkenden Tee, der in den USA nach wie vor als Hausmittel geschätzt wird. Der Tee ist zudem verdauungsfördernd und hilft bei Menstruationsbeschwerden und Erkältungen.

JOHANNISKRAUT *(Hypericum perforatum)*
In den Tagen um die Sommersonnenwende, dem Johannistag am 24. Juni, öffnet das Johanniskraut seine leuchtenden, goldgelben Blüten und kam so zu seinem Namen. Das hierzulande heimische, mehrjährige Hartheugewächs wurde schon in der Antike als Heilpflanze mit breitem Anwendungsspektrum geschätzt. Dioskurides empfahl es bei Ischias und Brandwunden. Hippokrates setzte es als entzündungshemmendes Medikament und bei Lungenkrankheiten ein. Im Mittelalter heilte man Schwermut mit Johanniskraut, was in der Folgezeit in Vergessenheit geriet. Erst gegen Ende des vergangenen Jahrhunderts wurde die antidepressive Wirkung der Pflanze nachgewiesen. Mit einem einfachen Tee erreicht man die für die Heilung schwerer Depressionen notwendige Dosierung allerdings nicht.
Anbau Johanniskraut liebt einen gut durchlässigen, eher mageren Boden in voller Sonne und macht sich gut in einer Wildblumenwiese. Die Vermehrung erfolgt durch Aussaat im Frühjahr oder Wurzelteilung im Herbst.
Ernte Während der Blüte sammelt man das ganze Kraut.
Verarbeitung Für einen Tee kann man frische und getrocknete Blätter verwenden. Zum Trocknen wird das Kraut mit Stängel gebündelt und kopfüber an einen luftigen, warmen Platz gehängt. Danach streift man Blätter und Blüten ab und bewahrt sie in einem luftdichten, möglichst dunklen Glas auf.
Medizinische Wirkung Auch heute noch wird Johanniskraut gegen leichte und mittelschwere Depressionen eingesetzt. Für die antidepressive Wirkung ist der in der Pflanze

REZEPT

Johanniskrautöl

Zutaten für 750 ml:

3 Handvoll frische Blütenknospen
700 ml Olivenöl

Eine sterilisierte Flasche zu einem Drittel mit den Knospen füllen, mit Olivenöl auffüllen und für sechs Wochen an einen sonnigen Platz stellen. In dieser Zeit bekommt das Johanniskrautöl seine markante rote Farbe. Es wird gefiltert und kann dann sofort zum Einreiben verwendet werden. Damit es möglichst lange hält, wird es an einem dunklen Ort aufbewahrt. Die Verwendung von Johanniskrautöl führt zu erhöhter Lichtempfindlichkeit. Während einer Behandlung mit dem Öl darf man sich deshalb nicht der Sonne aussetzen oder in Solarien aufhalten.

enthaltene Wirkstoff Hypericin verantwortlich. Als Tee aufgegossen wirkt Johanniskraut zudem bei Verdauungsbeschwerden, Leber- und Gallenleiden sowie bei Entzündungen der Harnwege. Johanniskrautöl ist berühmt für seine Heilwirkung bei Muskelschmerzen, leichten Verbrennungen und Wunden.

KAMILLE
(Matricaria recutita)

Die Kamille zählt in Deutschland zu den bekanntesten und am meisten angewandten Heilpflanzen. Keine Kindheit geht ins Land, ohne dass eine Tasse Kamillentee bei Bauchweh verabreicht wird, und auch viele Erwachsene schwören nach wie vor auf die wohltuende und heilsame Wirkung des Korbblütlers. Der antike Heiler und Pharmakologe Dioskurides empfahl Kamille bei Blähungen, Leberleiden und Blasenentzündung. Ursprünglich kommt die einjährige Pflanze aus Süd- und Osteuropa.

Anbau Im Garten macht sich Kamille am besten auf wiesenähnlichen Flächen oder als Randpflanze im Beet. Sie mag trockene, eher nährstoffarme Böden in voller Sonne. Vermehrt wird durch Aussaat im Frühjahr. In der Mischkultur kann Kamille zwischen Kohl, Kartoffeln und Lauch gesät werden.

Ernte Geerntet werden die kleinen weißen Körbchenblüten mit dem charakteristischen, sich nach oben wölbenden gelben Blütenboden. Sie erscheinen im Juni und werden direkt nach dem Aufblühen gepflückt.

Verarbeitung Man kann die Kamille sofort frisch verarbeiten oder langsam im Schatten trocknen. Die Blüten werden dabei in dünner Schicht ausgebreitet, bis die Blütenköpfchen im Inneren keine Feuchtigkeit mehr aufweisen. Sind sie trocken, bewahrt man sie in luftdichten Gläsern an einem dunklen Ort auf.

Medizinische Wirkung Die Blüten der Kamille ergeben einen entspannenden, entzündungshemmenden Tee bei Erkrankungen im Magen- und Darmbereich sowie bei Menstruationsbeschwerden. Bei schlecht heilenden Wunden helfen Bäder oder feuchte Kamillenumschläge. Dampfbäder lindern Schnupfen und Entzündungen der Nasennebenhöhlen.

KATZENMINZE *(Nepeta cataria)*

Der botanische Name bezieht sich vermutlich auf die etruskische Stadt Nepeta, wo Katzenminze schon früh in großem Stil angebaut wurde, denn sie war seit jeher eine beliebte Heilpflanze. In Südeuropa ist sie auch ursprünglich zu Hause, in Mitteleuropa aber inzwischen verwildert. Hildegard von Bingen empfahl sie bei Halskrankheiten. Wir schätzen das mehrjährige Gewächs mit den im Juli erscheinenden blassblauen Ährenblüten und dem silbrigen Laub inzwischen vor allem als dezenten Rosenbegleiter.

Anbau Katzenminze liebt nahrhafte, durchlässige Böden in voller Sonne. Die Vermehrung erfolgt durch Aussaat im Frühjahr oder Wurzelteilung im Herbst. Nach der Blüte wird die Pflanze zurückgeschnitten, um einen zweiten Flor anzuregen. Ihren deutschen Namen verdankt die Katzenminze übrigens ihrer Anziehung auf Katzen, die sich gern in ihrem Laub wälzen. Für den Menschen birgt sie wohltuende und entspannende Inhaltsstoffe.

Ernte Die Blätter der Katzenminze können während der gesamten Vegetationsperiode bei Bedarf geerntet werden. Zum Trocknen wird sie während der Blüte geschnitten.

Verarbeitung Die Blätter der Katzenminze können frisch oder getrocknet verwendet werden. Zum Trocknen wird das Kraut gebündelt und kopfüber an einen luftigen, warmen Platz gehängt. Danach streift man die Blätter ab und bewahrt sie in luftdichten Gläsern auf.

Medizinische Wirkung Ein Tee aus den Blättern der Katzenminze wirkt fiebersenkend, schweißtreibend und krampflösend und wird als mildes Beruhigungsmittel eingesetzt. Zerdrückte Blätter und Blüten helfen als Umschlag bei Quetschungen.

REZEPT

Kamillenöl

Zutaten für 250 ml:

3-4 EL getrocknete Kamillenblüten
250 ml Sonnenblumenöl

Blüten zusammen mit dem Öl in einen Topf geben und leicht erhitzen. Für etwa 1,5 Stunden unter geringer Hitze auf dem Herd belassen, dabei regelmäßig umrühren, sodass das Öl die Wirkstoffe der Blüten aufnimmt. Anschließend die Blüten abseihen und das Öl in eine saubere, verschließbare Flasche abfüllen. Das Öl kann für Bäder, Inhalationen oder zur Wundheilung oder Massage verwendet werden.

Mit ihren blassblauen Ähren ist die Katzenminze nicht nur eine äußerst dekorative Pflanze im Beet und eine wichtige Bienenweide – sie hat auch eine fiebersenkende und krampflösende Wirkung.

LAVENDEL *(Lavandula angustifolia)*

Sein frischer, sauberer Duft ließ Lavendel zum liebsten Badezusatz der Griechen und Römer werden. Das erklärt auch seinen Namen, denn das lateinische »lavare« heißt »waschen«. Die Heimat von Lavendel sind die trockenen, kargen, warmen Hänge der südeuropäischen Mittelmeerküste. Vermutlich waren es Benediktinermönche, die den mehrjährigen, immergrünen Halbstrauch in die Länder nördlich der Alpen brachten. In der Klosterheilkunde wurden Magenbeschwerden mit Lavendel kuriert, und Hildegard von Bingen empfahl ihn gegen Läuse.

Gärtner lieben den Lippenblütler in erster Linie wegen seines graugrünen Laubes, der duftenden, violettblauen Ährenblüten und seiner vielfältigen Einsatzmöglichkeiten.

Anbau Lavendel benötigt einen warmen, trockenen und durchlässigen Boden in voller Sonne. Im Allgemeinen übersteht er die kalte Jahreszeit hierzulande ganz gut, aber in Regionen mit sehr rauem Klima ist Winterschutz empfehlenswert. Die Vermehrung erfolgt durch Aussaat im Frühling oder Stecklinge im Herbst. Lavendel soll Ameisen und Läuse vertreiben, und vermutlich gilt er deshalb seit Langem als schützender und zierender und somit idealer Rosenbegleiter.

Ernte Blätter können jederzeit geerntet werden. Die Blüten werden gepflückt, sobald sie sich zu öffnen beginnen.

Verarbeitung Zum Trocknen wird Lavendel mit den Stängeln gebündelt und kopfüber an einen luftigen, warmen Platz gehängt. Nach etwa zwei Wochen kann man die Blüten von den Stielen trennen und in luftdichte Gläser füllen.

Sorten Eine der bekanntesten und beliebtesten Sorten ist 'Hidcote Blue', die mit einer intensiven dunkelvioletten Blütenfarbe punktet. 'Munstead' blüht besonders früh und ist etwas größer als die eher kompakte 'Hidcote Blue'. 'Loddon Pink' blüht in zartem Rosa und 'Nana Alba' schneeweiß.

Medizinische Wirkung Als Tee aufgegossen helfen Lavendelblüten bei Einschlafstörungen und Migräne. Eine Tinktur wirkt als mildes Beruhigungs- und Schmerzmittel, besonders bei Insektenstichen und harmlosen Verbrennungen. In Stoffkissen eingenäht hat sich Lavendel als beruhigende Einschlafhilfe für Kleinkinder bewährt.

REZEPT

Lavendeltinktur

Zutaten für 250 ml:

10 g getrocknete Lavendelblüten
250 ml 70%iger Alkohol

Für eine Tinktur zur äußerlichen Anwendung gibt man die Lavendelblüten in ein Gefäß und übergießt sie mit dem Alkohol (aus der Apotheke). Das verschlossene Gefäß wird für zwei bis sechs Wochen an einen sonnigen, warmen Platz gestellt. Je länger man die Tinktur ziehen lässt, desto stärker wird sie. Beim Abseihen die Pflanzenteile gut ausdrücken. In eine dunkle Flasche abgefüllt hält sich die Tinktur bei kühler Lagerung mindestens ein Jahr.

MÄDESÜSS *(Filipendula ulmaria)*

Mädesüß wächst in ganz Europa auf feuchten Wiesen, an Gräben und Teichrändern. Als Gartenpflanze hat das fiederblättrige Rosengewächs mit den duftigen weißen Doldenrispen in den vergangenen Jahren vor allem als Partnerstaude von Gräsern auf sich aufmerksam gemacht. Seine Bedeutung als Heilpflanze ist darüber fast in Vergessenheit geraten. Aber bereits die Druiden verehrten Mädesüß wegen seiner vielfältigen Anwendungsmöglichkeiten in Haus und Medizin. Es war das liebste Streukraut von Königin Elizabeth I. von England und ihr Zeitgenosse, der Botaniker John Gerard, befand, es übertreffe alle Streukräuter, weil es die Sinne entzücke, ohne Kopfweh zu verursachen. Im 19. Jahrhundert gewann Mädesüß eine besondere Bedeutung als erste Quelle von Salicylsäure, die erfolgreich gegen Rheumatismus und Fieber eingesetzt wurde. Später wurde aus dem Stoff Acetylsalicylsäure synthetisiert, besser bekannt unter dem Namen Aspirin.

Anbau Mädesüß benötigt einen feuchten, nährstoffhaltigen Boden in Sonne oder Halbschatten. Fühlt es sich wohl, verwildert es und breitet sich ziemlich stark aus.

Ernte Die jungen Blätter werden vor der Blüte gepflückt, die Blüten mit ihrem süßen Mandelduft im Sommer, wenn sie eben aufgegangen sind.

Verarbeitung Die frischen Blätter geben Suppen eine interessante Note, und die Blüten verleihen Konfitüren, Kompotten und Desserts ein leichtes Mandelaroma. Für Tee kann sowohl die frische als auch die getrocknete Pflanze verwendet werden. Zum Trocknen werden die abgeschnittenen Stängel gebündelt, zusammengebunden und an einem trockenen, luftigen Ort aufgehängt. Raschelt die Pflanze beim Berühren, werden Blätter und Blüten abgestreift und in Gläser gefüllt.

Medizinische Wirkung Neben Salicylsäure enthält Mädesüß unter anderem Kieselsäure und Flavonoide. Ein Tee aus den Blüten des Mädesüß hilft bei fieberhafter Erkältung, Nierenbeschwerden und rheumatischen Schmerzen. Sogar bei echter Grippe kann er lindernd wirken, denn er senkt nicht nur das Fieber, sondern erleichtert auch Schmerzen und hilft beim Abschwellen der Schleimhäute. Darüber hinaus hat er eine harntreibende und entgiftende Wirkung und hilft bei Stoffwechselstörungen. Bei Allergie gegen Acetylsalicylsäure beziehungsweise Aspirin darf Mädesüß nicht eingenommen werden!

Der Schopflavendel (Lavandula stoechas) ist eine Variante des echten Lavendels und kann genauso verwendet werden.

MÄRZ-VEILCHEN *(Viola odorata)*
Wir kennen und lieben das März-Veilchen mit seinen tiefblauen Blüten als liebreizenden Frühlingsboten, der von allen Veilchenarten mit dem stärksten Duft gesegnet ist. Der Ruf der Pflanze ist dabei eigenartig zwiespältig, denn obwohl das Veilchen stets als Symbol für Demut und Bescheidenheit galt, gab es doch viele Herrscher und Machtmenschen wie Napoleon, Kaiser Wilhelm I. oder Winston Churchill, die es zu ihrer Lieblingsblume erkoren. Gleichwohl fand die mehrjährige Pflanze auch seit jeher in der Medizin Verwendung.
Ursprünglich stammt sie aus dem Mittelmeergebiet, wo sie schon früh als Heilpflanze eingesetzt wurde. Hippokrates linderte Sehstörungen, Kopfschmerzen und Melancholie mit Veilchen, und Dioskurides verordnete es sogar bei Epilepsie. In der Volksmedizin

REZEPT

Kandierte Veilchenblüten

Vier Esslöffel Wasser in einen Topf geben und zum Kochen bringen. 150 Gramm Zucker darin auflösen und zu einem Sirup einkochen. 250 Gramm Veilchenblüten für 30 Sekunden mitkochen lassen. Die Blüten herausnehmen und auf Backpapier trocknen lassen. Kandierte Veilchen zieren Torten und Desserts.

Entspannend, fiebersenkend und hustenlindernd – das Veilchen ist ein wichtiger Bestandteil der Hausapotheke.

werden Veilchenwurzeln und das getrocknete Kraut als schleimlösendes Mittel bei Bronchitis verabreicht.

Aber auch in der Kulinarik hatte das Veilchen stets seinen Platz. Im Mittelalter bereitete man Suppen, Salate und Desserts mit Veilchenblüten zu. Und auch heute hat die Pflanze wieder ihren Platz in der Küche: Innovative Köche streuen die kandierten Veilchenblüten über Desserts und Obstsalate.

REZEPT

Veilchensirup gegen Husten

Zutaten:

eine Handvoll frische Veilchenblüten
300 ml Wasser
300 g Zucker

Die Veilchenblüten mit dem Wasser und Zucker in ein Gefäß geben und einen Tag ziehen lassen. Ist das Aroma dann noch zu schwach, gibt man weitere Veilchenblüten zu und lässt einen weiteren Tag ziehen. Die Blüten abseihen, dann die Flüssigkeit etwa eine Stunde auf dem Herd köcheln lassen, bis der Saft eindickt. Anschließend gießt man den entstandenen Sirup in eine Flasche und bewahrt ihn gut verschlossen im Kühlschrank auf. Veilchensirup kann auch als Zugabe zu Pudding, Eis oder süßen Eierspeisen sowie zu Drinks verwendet werden.

Anbau Veilchen wachsen bevorzugt auf nährstoffreichen, eher feuchten Böden in halbschattigen Lagen und gedeihen gut am Gehölzrand. Man kann sie im August aussäen, besser gelingt die Vermehrung aber durch Wurzelteilung nach der Blüte. Die Pflanzen haben einen ausdauernden Wurzelstock, der Ausläufer bildet und sich von Jahr zu Jahr mehr ausbreitet. Wenn sich Veilchen wohlfühlen, samen sie sich auch bereitwillig selbst aus. Im zeitigen Frühjahr sprießen dann die herzförmigen Blätter, die Blüten erscheinen – der Name sagt es schon – im März.

Ernte Blätter pflückt man im zeitigen Frühjahr, die Blüten, wenn sie soeben geöffnet sind. Die Wurzeln gräbt man im Herbst aus.

Verarbeitung Für medizinische Anwendungen lassen sich Blätter, Blüten und Wurzeln gut trocknen. Kandierte Blüten schmücken Kuchen und Desserts. Junge Blätter, Triebe und Blütenknospen schmecken gut im Salat.

Sorten Die bekannte 'Königin Charlotte' blüht hellviolett, hat einen kräftigen Veilchenduft und lange Stiele, die sich gut zu Sträußchen binden lassen. 'Alba' ist eine reinweiß blühende Sorte. 'Baronne Alice de Rothschild' ist eine alte französische Sorte mit starkem Duft. 'Cœur d'Alsace' blüht rosarot und 'Madame Armandine Page' weiß-rosa marmoriert.

Medizinische Wirkung März-Veilchen enthalten Saponine, Flavonoide und Schleimstoffe. Ein Tee aus Blüten und Blättern des Veilchens hilft bei Bronchitis und Verstopfung. Ein Sirup aus den Blüten ist ein guter Hustensaft, der zudem fiebersenkend wirkt und sich vor allem bei Kindern gut bewährt hat. Da das Veilchen darüber hinaus beruhigend und entspannend wirkt, kann man es als mildes Schlafmittel verwenden. Äußerlich hilft eine Kompresse mit Veilchentee bei allen Arten von Hautentzündungen sowie zur lokalen Behandlung von Rheuma und Gicht.

REZEPT

Malventee gegen Heiserkeit

Zutaten für 1 Tasse:

3 EL Malvenblätter und -blüten
150 ml Wasser

Für einen heilkräftigen Tee werden die Malvenblätter und -blüten mit lauwarmem Wasser übergossen. Den Tee etwa zehn Minuten ziehen lassen und nach Belieben mit Honig süßen.

MALVE *(Malva sylvestris)*

Die Malve ist eine der ältesten Heilpflanzen und in ganz Europa heimisch. Der Gattungsname *Malva* leitet sich vom griechischen »malakos« ab. Das bedeutet »weich« und weist auf die erweichende und schleimlösende Wirkung der Pflanze hin. Als Tee und Gurgelessenz stillt Malve seit jeher alle Arten von Halsschmerzen. Es wurden Malvensamen aus der Eiszeit gefunden, was darauf schließen lässt, dass die heilende Wirkung der Pflanze bereits in jener Zeit bekannt war. Dioskurides, der große Arzt und Pharmakologe des Altertums, verordnete Malven bei Blasenleiden.

Heutzutage ist die Heilwirkung der Malve weitgehend in Vergessenheit geraten. Wir schätzen ihre zahlreichen Kulturformen mit violetten und rosaroten Blüten eher als überaus reizvolle Zierpflanze.

Anbau Alle Malven sind relativ anspruchslos, bevorzugen nährstoffreiche, durchlässige Böden in sonnigen oder halbschattigen Lagen und eignen sich besonders gut für Bauern- und Naturgärten. Aussaat ist im Frühjahr. Malven sind kurzlebig, meist zweijährig, vermehren sich aber leicht durch Selbstaussaat.

Ernte Geerntet werden die Blätter und Blüten kurz vor dem Aufblühen.

Verarbeitung Nach dem Sammeln wird die Pflanze zu lockeren Sträußen gebündelt und in einem luftigen, warmen Raum getrocknet. Blätter und Blüten müssen stets kontrolliert werden, weil sie zu Fäulnis und Schimmelbildung neigen. Sind sie trocken, werden Blätter und Blüten von den Stängeln gestreift und in luftdichten Gläsern aufbewahrt.

Sorten Die Mauretanische Malve *(Malva sylvestris* subsp. *mauritiana)* besitzt dieselben Inhaltsstoffe wie die Urform, ihre Blüten sind jedoch größer und dunkelpurpurfarben mit schwarzen Adern.

Medizinische Wirkung Malventee hilft bei Bronchitis, Heiserkeit und Halsschmerzen, aber auch bei Reizungen des Verdauungssystems und äußerlich angewandt bei Hautirritationen.

RINGELBLUME *(Calendula officinalis)*

Ringelblumen kennen wir aus dem Bauerngarten, wo sie mit ihren orangefarbenen und gelben Blüten eine fröhliche, ungezwungene Atmosphäre verbreiten. Aber die ursprünglich aus dem Mittelmeerraum stammende Pflanze ist nicht allein ein unkomplizierter Stimmungsmacher, sondern besitzt auch innere Werte. Bereits im 12. Jahrhundert erkannte Hildegard von Bingen die heilende Wirkung des einjährigen Korbblütlers und setzte ihre »Ringula« bei Vergiftungen durch schlechte Speisen ein. Im 17. und 18. Jahrhundert war die Ringelblume eine der wichtigsten Heilpflanzen und erlebte ihre Hochblüte. Das wundert nicht weiter, denn in dieser Zeit vieler kriegerischer Auseinandersetzungen stellte sie ihre ausgezeichneten Eigenschaften als Wund- und Brandsalbe unter Beweis.

Anbau Ringelblumen bevorzugen nahrhafte, gut durchlässige Böden in voller Sonne. Durch ihre Wurzelausscheidungen wirken sie gegen Nematoden und sind daher gute Nachbarn sowohl von Blumen als auch von Obst und Gemüse. Im März werden sie direkt ins Freiland gesät, und ab Juni blühen sie dann unermüdlich bis zu den ersten Frösten. Wo sie sich wohlfühlen, samen Ringelblumen sich selbst aus.

Ernte Die Blüten der Ringelblume können während der ganzen Vegetationsperiode geerntet werden.

Verarbeitung Für einen wohltuenden Tee können sowohl frische als auch getrocknete Ringelblumenblüten benutzt werden.

Die hübschen violetten Blüten der Malve nehmen beim Trocknen eine dunkelblaue Farbe an.

Ringelblumen haben nicht nur heilende Wirkung – sie sind äußerst dekorativ, blühen von Juni bis Oktober und dürfen deshalb in keinem Garten fehlen.

Zum Trocknen werden die Blüten in dünner Schicht ausgebreitet, bis die Blütenköpfe im Inneren keine Feuchtigkeit mehr aufweisen. Sind sie trocken, bewahrt man sie in luftdichten Gläsern auf. Frische Ringelblumen lassen sich bestens zu einer Wundsalbe verarbeiten.

Medizinische Wirkung Ringelblumen enthalten wertvolle Flavonoide, die vorbeugend gegen bestimmte Krebs- sowie Herz-Kreislauf-Erkrankungen wirken. Ein Tee aus Ringelblumenblüten lindert Magen-Darm-Beschwerden. Am bekanntesten ist jedoch die medizinische Wirkung der Ringelblume bei äußerer Anwendung, nämlich als Salbe bei Entzündungen und Ekzemen sowie leichten Wunden und Verbrennungen.

Die getrockneten Blüten und Blätter von Kamille, Minze, Lavendel und Ringelblume lassen sich zu Tee, Salben und vielem mehr verarbeiten.

REZEPT

Ringelblumensalbe

Zutaten:

150 ml Sonnenblumenöl
15 g Bienenwachs (aus der Apotheke)
20 g Ringelblumenblüten

Öl und Bienenwachs in einem Topf erwärmen. Ist das Gemisch flüssig, Ringelblumen zugeben und den Sud zwei Stunden leise köcheln lassen. Anschließend die Flüssigkeit durch ein Sieb in ein sauberes, verschließbares Glas füllen. Bei Erkalten wird die Masse cremig. Die Salbe ist etwa ein Jahr haltbar.

REZEPT

Heilpflanzen-Waschlotion gegen Akne

Zutaten:

1 EL getrocknete Holunderblüten
1 EL getrocknete Ringelblumen
1 EL getrocknete Lavendelblüten
600 ml Wasser

Die Heilpflanzen in eine Schüssel geben und mit dem kochenden Wasser übergießen. 20 Minuten ziehen lassen, dann die Heilpflanzen abseihen. Das Gesicht mit der Waschlotion reinigen.

SCHAFGARBE *(Achillea millefolium)*
Achilles soll bei der Schlacht um Troja seine Soldaten mit Schafgarbe behandelt haben, als er von der blutstillenden Wirkung der Pflanze erfuhr. Damit gab er der Gattung dann auch ihren Namen, während der Artname »millefolium«, also »Tausendblatt«, auf das filigran zerteilte fedrig-rispige Laub des Korbblütlers hinweist. Im 1. Jahrhundert n. Chr. verwendete auch der Arzt und Pharmakologe Dioskurides die Pflanze zum Stillen von Blutungen und zur Heilung alter und frischer Wunden.
Anbau Die Schafgarbe ist eine ausdauernde und anspruchslose Staude, die in ganz Europa wild auf Wiesen und an Wegrändern wächst. Inzwischen haben Züchter aus dem eher unscheinbaren Gewächs attraktive Gartenpflanzen entwickelt. Sie benötigen einen mäßig nahrhaften und durchlässigen Boden in sonniger Lage.
Ernte Frische Blätter und Triebspitzen können während der gesamten Vegetationsperiode geerntet werden.
Verarbeitung Blätter und Triebspitzen können frisch und getrocknet verwendet werden. Zum Trocknen werden die Stiele etwa handbreit über dem Boden abgeschnitten, gebündelt und an einem warmen Platz aufgehängt. Dann werden Blüten und Blätter von den Stängeln gestreift und in Gläsern aufbewahrt.
Sorten Die weiß blühende Art *Achillea ageratum* erinnert noch an die Wildform der Schafgarbe und wird wegen ihres ausgeprägten Aromas auch Muskatkraut genannt. *Achillea millefolium* 'Belle Epoque' und 'Paprika' haben samtrote Blüten. Der Flor von 'Lachsschönheit' changiert zwischen Apricot, Hellrosa und Weiß, wohingegen 'Heidi' mit leuchtendem Purpur besticht.
Medizinische Wirkung Die Gerbstoffe der Schafgarbe haben einen keimhemmenden und blutstillenden Effekt, weswegen Umschläge mit einem Absud der Pflanze bei Wunden, rauer Haut und Ausschlägen eingesetzt werden. Außerdem lindern frische und getrocknete Blätter als Tee krampfartige Magen-, Menstruations- und Wechseljahrbeschwerden und wirken entzündungshemmend.

SONNENHUT *(Echinacea purpurea)*

Der Sonnenhut ist im östlichen und mittleren Nordamerika zu Hause, wo die Indianer ihn seit jeher zur Heilung von Infektionskrankheiten nutzen. Und auch hierzulande sind *Echinacea*-Präparate als pflanzliches Mittel gegen Erkältungen seit Jahren äußerst beliebt. Ob sie als Vorbeugemaßnahmen das Immunsystem stärken, ist allerdings umstritten.

Nach Europa kam der Sonnenhut gegen Ende des 17. Jahrhunderts, und zwar zunächst nach England. In Deutschland wurde die mehrjährige Pflanze erst ab der zweiten Hälfte des 18. Jahrhunderts kultiviert, aber erst im 20. Jahrhundert lernte man sie hierzulande als attraktive Garten- und wertvolle Heilpflanze schätzen. Dies ist in erster Linie dem deutsch-amerikanischen Gartengestalter Wolfgang Oehme und dem Holländer Piet Oudolf zu verdanken, die die wild anmutende Staude in Massen in den von ihnen konzipierten Gärten im Prärie-Look einsetzen. Und in der Tat entfaltet der Sonnenhut vor allem in Gräserbeeten und naturhaften Rabatten seinen ganzen Charme.

Anbau Sonnenhut gedeiht auf eher trockenen, durchlässigen Böden in voller Sonne. Die purpurroten Blüten erscheinen ab Juli. Die Vermehrung erfolgt durch Aussaat im Frühling oder durch Teilung des Wurzelstocks im Herbst.

Ernte Blüten und Blätter werden von Juli bis September geerntet.

Verarbeitung Sonnenhut wird meist in Tinktur- oder Tablettenform in der Apotheke angeboten, wobei sich Tinkturen vor allem zur äußerlichen Anwendung eignen. Hat man Sonnenhut im Garten, können Blüten und Blätter frisch oder getrocknet als Tee zubereitet werden. Sowohl aus dem Kraut als auch aus der Wurzel lässt sich eine Tinktur herstellen.

Sorten 'Jade' hat weiße Blüten mit einer grünen Mitte. 'Augustkönigin' punktet mit großen, flachen, rosavioletten Blüten, und scharlachrot blüht die Sorte 'Tomato'.

Medizinische Wirkung Blätter, Blüten und die Wurzel des Sonnenhuts wirken antibakteriell. Die Pflanze enthält Flavonoide, einen sekundären Pflanzenstoff, der die körpereigene Abwehr stärkt. Tee oder Tinkturen werden bei leichten grippalen Infekten und äußerlich bei schlecht heilenden Wunden eingesetzt.

REZEPT

Echinacea-Tinktur

Zutaten:

eine Handvoll frische Sonnenhutblüten
500 ml 50% -iger Alkohol

Für eine Tinktur aus dem Sonnenhut werden die Pflanzen zerkleinert und in ein Gefäß gegeben. Mit mindestens 50%igem Alkohol übergießen, sodass die Blüten bedeckt sind. Abgedeckt etwa vier Wochen ziehen lassen, dann die Pflanzenteile abseihen und die Tinktur in kleine Flaschen abfüllen. Sie hält sich etwa ein Jahr.

Hausapotheke

Diese Hausapotheke stellt eine Sammlung natürlicher Hausmittel vor, die aus den in diesem Buch vorgestellten Pflanzen hergestellt werden können. Sie stellt jedoch keinen Ersatz für eine Behandlung durch einen Arzt dar!

Beschwerden von A bis Z

ABSZESS

Bei kleineren Abszessen helfen Kompressen mit frischem Knoblauchsaft oder ein Umschlag aus zerriebenen Blättern des Schwarzen Holunders. Auch ein Wickel mit einem Kamillenabsud hilft in vielen Fällen. Dafür zwei Teelöffel Kamillenblüten mit etwa 150 Milliliter kochendem Wasser übergießen, fünf Minuten ziehen lassen und dann die Kompresse darin tränken und auf den Abszess legen. Zur inneren Anwendung empfiehlt sich Brennnesseltee, am besten nehmen Sie täglich drei Tassen zu sich. Dafür einen Teelöffel getrocknete Brennnesselblätter je Tasse mit kochendem Wasser übergießen und etwa fünf bis zehn Minuten ziehen lassen.

AKNE

Gegen Akne hilft Walnussblättertee (Rezept siehe Seite 49) oder ein Absud von Arnika. Es kann auch helfen, die Pickel mit der feuchten Seite einer geschälten und halbierten Knoblauchzehe einzureiben.

ARTHRITIS

Bei entzündeten Gelenken helfen Wickel (Anleitung siehe Seite 178) mit frischen Zwiebeln oder Umschläge mit Arnikatinktur (Rezept siehe Seite 150).

AUGENENTZÜNDUNG

Bei Bindehautentzündungen oder einem Gerstenkorn kann man das Auge vorsichtig mit abgekühltem Kamillentee spülen. Bei entzündeten Lidern kann man außerdem eine Auflage mit Walnussblättertee machen. Dafür ein Tuch mit dem Tee (Rezept siehe Seite 49) tränken. Etwas abkühlen lassen und dann einige Minuten auf die Augen legen.

AUSSCHLAG

Umschläge mit einem Absud der Schafgarbe helfen gegen Ausschläge, da die Gerbstoffe der Schafgarbe einen blutstillenden Effekt haben. Bei schlecht heilenden Wunden helfen Kamillenbäder oder feuchte Kamillenumschläge. Zur unterstützenden inneren Anwendung empfiehlt sich Walnussblättertee bei Ekzemen, Hautausschlägen und Akne (Rezept siehe Seite 49).

BAUCHSCHMERZEN

Gegen Bauchschmerzen helfen eine milde Kartoffelsuppe oder etwas Kartoffelbrei. Auch einige Kümmelkörner, die man langsam zerkaut, wirken gegen Leibweh. Ein weiteres Mittel zur Magenberuhigung ist Pfefferminztee. Dafür einen Esslöffel getrocknete Pfefferminzblätter je Tasse mit kochendem Wasser aufgießen, einige Minuten ziehen lassen, Blätter abseihen und dann langsam trinken. Zur äußeren Anwendung empfiehlt sich ein Kirschkernkissen.

Die Kamille ist ein Allrounder. Ihre Blüten helfen bei vielen inneren und äußeren Unpässlichkeiten.

BLÄHUNG

Unzählige Pflanzen mildern Blähungen, darunter Kräuter wie Dill, Fenchel, Kümmel, Lavendel, Majoran, Melisse, Pfefferminze oder Rosmarin, die man gut als Tee anwenden kann (Rezept siehe Seite 137). Bei Menschen, die nicht unter Lactoseintoleranz leiden, verspricht auch Knoblauchmilch Hilfe. Hierfür eine Knoblauchzehe auspressen, den Saft in 250 Milliliter Milch erwärmen und mit Honig süßen. Zur Vorbeugung empfiehlt es sich ferner, frische oder getrocknete Bohnenkrautzweige als Würze zu verwenden.

BLASENENTZÜNDUNG

Kamillensitzbäder sind ein klassisches Hausmittel bei leichten Blasenentzündungen. Kamille empfiehlt sich auch zur inneren Anwendung. Auch Salbei-, Meldenblätter- und Malventees wirken wassertreibend und desinfizierend und lindern die Symptome. Ein Tee gegen Blasenentzündungen lässt sich aus einer Handvoll frischer Kräuter oder Blätter herstellen. Diese mit 250 Milliliter kochendem Wasser aufgießen und zehn Minuten ziehen lassen, dann abseihen. Vorbeugend können Sie auch verstärkt Meerrettich zu sich nehmen. Dieser gilt als desinfizierend und kann auch als Trunk angewendet werden. Dafür regelmäßig drei Esslöffel Meerrettich mit einem halben Liter Wasser und Zitronensaft über Nacht ziehen lassen und trinken.

BRONCHITIS

Kartoffelwickel dienen der äußeren Anwendung. Dafür Kartoffeln kochen, in einem Küchentuch oder einer Mullbinde einwickeln und zerdrücken und diesen Wickel so heiß wie möglich auf die nackte Brust auflegen. Mit einem Wollschal umwickeln und etwa eine Stunde wirken lassen. Schleimlösend wirkt Holundersirup (Rezept siehe Seite 39). Auch ein Tee aus Pfefferminze und Thymian wirkt beruhigend.

CHOLESTERIN

Als natürlicher Cholesterinsenker gilt die Artischocke. Wie man diese am besten zubereitet, erfahren Sie auf Seite 54.

DEPRESSION

Gegen kurzzeitige Verstimmungen hilft Johanniskraut, das man in Form eines einfachen Tees aus den Blüten des Johanniskrauts zu sich nimmt. Schon in früheren Zeiten wurde Johanniskraut gegen leichte Gemütsverstimmungen eingesetzt. Für die antidepressive Wirkung ist der in der Pflanze enthaltene Wirkstoff Hypericin verantwortlich. Die für die Heilung schwerer Depressionen notwendige Dosierung erreicht man damit allerdings nicht!

DURCHFALL

Ein einfaches, aber wirkungsvolles Mittel gegen Durchfall ist geriebener Apfel (Rezept siehe Seite 25). Auch Möhrensuppe ist erfolgversprechend (Rezept siehe Seite 112). Brombeerblättertee (Rezept siehe Seite 18) oder Heidelbeertee (Rezept siehe Seite 38) wirken ebenfalls beruhigend. Aber Vorsicht: Frische Heidelbeeren wirken abführend.

EKZEM

Bei Ekzemen können ein Absud aus Heidelbeeren oder Kamillenbäder helfen. Zur inneren Anwendung empfiehlt sich ein Tee aus Walnussblättern (Rezept siehe Seite 39).

ERBRECHEN

Pfefferminz- oder Salbeitee wirken beruhigend und gelten als bewährte Hausmittel

Reinigende Masken oder Waschlotionen mit Kräutern aus dem eigenen Garten sind schnell selbst gemacht.

bei Brechreiz. Auch Dill und Fenchel sind förderlich, entweder in Form eines Dillaufgusses, eines Fenchelabsuds oder als Tee aus zerquetschten Dill- oder Fenchelsamen. Diese werden mit etwas heißem Wasser übergossen und nach etwa zehn Minuten Ziehzeit abgeseiht. Alternativ kann man auch einen Esslöffel verdünnte Schafgarbentinktur einnehmen.

ERKÄLTUNG

Schweißtreibend und fiebersenkend wirkt Tee aus Blättern der Katzenminze oder aus Blüten des Holunders. Sehr wohlschmeckend und wirksam bei grippalen Infekten ist Holunderbeersaft (Rezept siehe Seite 38). Für Tees und Inhalationen, die gegen die Erkältung wirken, kommen auch März-Veilchen, Fenchel, Kamille, Pfefferminze und Salbei in Frage. Um sich zu wärmen, empfiehlt sich ein Kirschkernkissen.

ERSCHÖPFUNG

Anregend wirken die frischen Blätter und Triebe der Petersilie oder ein Tee aus Rosmarinblättern. Zur allgemeinen Stärkung empfiehlt es sich, regelmäßig Sirup aus Schlehenbeeren zu sich zu nehmen.

FIEBER

Fieber sollte nur dann bekämpft werden, wenn es zu hoch steigt oder lange anhält. Fiebersenkende Wirkung hat das März-Veilchen, das man am besten in Form eines Blütensirups verwendet (Rezept siehe Seite 161). Auch ein Tee aus Blättern und Rinde der Haselnuss wirkt fiebersenkend, gefäßverengend, blutstillend und schweißtreibend. Himbeeren zeigen dieselbe Wirkung: Ein Tee aus Himbeerblättern, aber auch Himbeersaft gelten als probates Mittel zur Fiebersenkung. Ein Tee aus den Blüten des Mädesüß hilft bei fieberhafter Erkältung, Nierenbeschwerden und rheumatischen Schmerzen. Sogar bei echter Grippe kann er lindernd wirken, denn er senkt nicht nur das Fieber, sondern erleichtert zugleich die Schmerzen und hilft beim Abschwellen der Schleimhäute. Auch ein Sirup aus Mädesüßblüten senkt das Fieber. Er ist zugleich ein guter Hustensaft und hat sich bei Kindern gut bewährt.

Frische Kräuter wie Rosmarin, Salbei, Thymian und Schnittlauch wirken anregend und machen munter.

Kräuter sind Alleskönner: Sie heilen, würzen und sehen hübsch aus.

FRÜHJAHRSMÜDIGKEIT

Kaum beginnt das Frühjahr, fühlen sich manche wie erschlagen. Hier helfen die frischen Blätter und Triebe der Petersilie oder ein Tee aus Rosmarinblättern.

HÄMORRHOIDEN

Sitzbäder mit Kamillenblüten oder Schafgarbenblüten lindern die Schmerzen und stillen den Juckreiz.

HALSSCHMERZEN

Ein Wickel mit rohen Zwiebeln – auch wenn der Geruch nicht unbedingt angenehm ist – wirkt wahre Wunder gegen Halsschmerzen. Ähnlich wirksam ist ein Wickel aus Kohlblättern (Rezept siehe Seite 80). Auch ein Tee aus Salbei oder frisch aufgekochter Tee mit Ingwer lässt die Schmerzen schneller abklingen. Ein Thymian-Kaltauszug kann als Gurgelmittel bei Entzündungen im Hals- und Rachenbereich angewendet werden.

HAUTKRANKHEITEN

Johanniskrautöl (Rezept siehe Seite 155) wirkt beruhigend und entzündungshemmend. Bei kleineren Verletzungen der Haut bietet sich auch die Verwendung von Ringelblumensalbe an (Rezept siehe Seite 166). Auch Breiumschläge aus den zerstampften Blättern des Guten Heinrichs zeigen Wirkung. Bei leichteren Hautirritationen kann man alternativ Umschläge mit Mullbinden machen, die mit Tee aus Blättern und Blüten des März-Veilchens getränkt wurden. Und bei rauer Haut empfiehlt sich ein Umschlag aus Blättern der Schafgarbe. Diese sind als Absud auch wirksam bei Ausschlägen.

HÜHNERAUGE

Eine halbe Zwiebel in etwa 1 Zentimeter breite Streifen schneiden und in Essig einlegen. Etwa zwei Tage ziehen lassen. Ein Zwiebelstück auf das Hühnerauge legen. Vorher unbedingt die Haut um das Hühnerauge dick mit Salbe eincremen, damit die Zwiebel wirklich nur auf das Hühnerauge wirkt. Mit einer Mullbinde verbinden und einige Stunden, am besten über Nacht, einwirken lassen.

Frauenmantel hilft traditionell bei vielerlei Frauenleiden.

Anschließend ein Fußbad nehmen und das Hühnerauge ablösen.

HUSTEN

Gegen Husten hilft ein Sirup des März-Veilchens (Rezept siehe Seite 161). Heilende Wirkung versprechen auch Brombeer- und Holundersaft (Rezept siehe Seite 38). Zusätzlich sollte man schleimlösende Mittel verwenden, hier empfiehlt sich zum Beispiel Holundersirup (Rezept siehe Seite 39) oder ein Abguss von Eberesche oder Sellerie.

INSEKTENSTICHE

Um das Brennen und den Juckreiz zu dämpfen, helfen Umschläge mit Zwiebeln, Holunderblättern oder Zitrone. Auch der Saft aus den Stängeln des Gierschs mildert die Symptome des Insektenstichs. Wohlduftend und nicht weniger wirksam ist Lavendeltinktur (Rezept siehe Seite 158).

KOPFSCHMERZEN

Der Tee der zitronenartig duftenden Blätter der Melisse lindert Kopfweh und Migräne. Auch Minze kann bei Kopfschmerzen helfen: Vor allem die stark mentholhaltigen Arten schaffen Erleichterung, wenn man ihre ätherischen Öle einatmet. So verspricht das Einreiben der Schläfen mit Pfefferminzöl gute Wirkung gegen Kopfschmerzen. Auch Baldrian und Lavendel können helfen. Verwenden Sie beispielsweise eine Lavendelkompresse: dafür 25 Gramm getrocknete Lavendelblüten mit 500 Milliliter kochendem Wasser aufgießen. Noch einige Tropfen Lavendelöl hinzugeben und eine Stunde ziehen lassen, dann abseihen. Einen Waschlappen in der Tinktur tränken und auf die Stirn auflegen. Zur unterstützenden inneren Anwendung empfiehlt sich ein Tee aus Blättern und Blüten des Lavendels.

KRAMPFADERN

Ein Hausmittel gegen Krampfadern ist das Baden der Beine in Löwenzahnabsud. Dafür kocht man etwa 50 Gramm Löwenzahn mit einem halben Liter Wasser auf und seiht dann den Löwenzahn ab. Den Absud ins Badewasser geben.

MAGENSCHLEIMHAUTENTZÜNDUNG

Linderung bei einer akuten Gastritis versprechen Kamillen-, Malven- oder Pfefferminztee.

MAGENSCHMERZEN

Ein Tee aus Ringelblumenblüten lindert Magen-Darm-Beschwerden. Entzündungs- und krampfhemmend wirken auch frische und getrocknete Kamillenblätter als Tee aufgegossen sowie Brombeersaft oder Brombeerblättertee (Rezept siehe Seite 18). Heilende Wirkung bei Magenleiden wird zudem der Indianernessel nachgesagt: Die Oswego-Indianer bereiten traditionell aus den Blättern und Blüten der Pflanze einen magenstärkenden Tee, der in den USA als Hausmittel geschätzt wird. Der Tee hat außerdem eine verdauungsfördernde Wirkung.

MENSTRUATIONSBESCHWERDEN

Entkrampfend und schmerzstillend wirken Baldrian, Kamille, Ringelblume und Schafgarbe. Auch Tees aus Blättern und Blüten des Frauenmantels oder der Indianernessel wird gute Hilfe nachgesagt.

Ein Bad mit einigen Tropfen Lavendelöl beruhigt die Nerven.

MUNDGERUCH

Frische Salbeiblätter oder einige Dill- oder Kümmelsamen, die im Mund zerkaut werden, sorgen für frischen Atem. Ein weiteres Hausmittel gegen Mundgeruch ist das Gurgeln mit Holunderblütentee. Dafür einige getrocknete Holunderblüten mit 250 Milliliter Wasser aufkochen. Anschließend Blüten abseihen, Tee abkühlen lassen und dann damit gurgeln.

NAGELBETTENTZÜNDUNG

Ein regelmäßiges Fingerbad in Arnikatinktur (Rezept siehe Seite 150) fördert das Abklingen der Entzündung.

NEBENHÖHLENENTZÜNDUNG

Auch hier hat sich zur äußeren Anwendung ein Kartoffelwickel bewährt (Anleitung siehe Seite 108). Diese so warm wie erträglich auf die Nase, die Wangen und auf die Stirn legen. Wirkt schleimlösend und nimmt das Druckgefühl. Zusätzlich mehrmals täglich inhalieren. Dafür drei Esslöffel Holunderbeersaft (Rezept siehe Seite 38) und zehn Tropfen Minzöl aus der Apotheke in ein Liter heißes Wasser geben und darüber inhalieren.

NERVOSITÄT

Der Beruhigung der Nerven dienen Baldrian, Kamille, Pfefferminze oder Rosmarin. Entspannend wirkt auch ein Lavendelbad. Dafür einfach einige Tropfen Lavendelöl ins Badewasser geben.

OHRENSCHMERZEN

Bei anhaltenden Ohrenschmerzen sollten Sie auf jeden Fall den Arzt aufsuchen. Zur wirksamen äußeren Anwendung empfehlen sich Zwiebelsäckchen (Rezept siehe Seite 85). Ebenfalls Linderung versprechen Kartoffelwickel (Rezept siehe Seite 108) oder Petersilienwickel. Dafür ein Bund frische Petersilie hacken, in ein Küchentuch oder etwas Verbandsmull einschlagen und dann auf das Ohr legen.

RÜCKENSCHMERZEN

Regelmäßig mit Johanniskrautöl (Rezept siehe Seite 155) einreiben. Bei akuten Schmerzen kann auch ein Kartoffelwickel helfen (Anleitung siehe Seite 108). Als probates Mittel gegen Verspannungen gilt auch die Auflage eines Kirschkernkissens, das die Wärme dosiert abgibt.

SCHLAFLOSIGKEIT

Am besten trinken Sie einen Heilpflanzentee kurz vor dem Zubettgehen. Empfehlenswerte Heilpflanzen bei Schlaflosigkeit oder Einschlafproblemen sind Johanniskraut, Lavendel, Melisse und Pfefferminze. März-Veilchen enthalten Saponine, Flavonoide und Schleimstoffe. Da diese beruhigend und entspannend wirken, kann man die Pflanze in Form von Tee oder Sirup (Rezept siehe Seite 161) als mildes Schlafmittel verwenden. Abhilfe bei Schlaflosigkeit verspricht auch ein Tee aus Fenchel oder Dill. Und ein Tee oder Schlummertrunk aus den Wurzeln des Baldrians (Rezept siehe Seite 152) hilft bei allen Zuständen von Nervosität, Schlaflosigkeit und psychosomatisch bedingten Krankheiten, und da er nicht süchtig macht, ist er zumindest bei nicht allzu gravierenden Beschwerden eine probate Alternative zu Psychopharmaka. Für Kleinkinder empfiehlt sich ein Lavendelkissen.

SCHLEIMHAUTENTZÜNDUNGEN IN MUND UND RACHEN

Wer kennt die schmerzhaften kleinen Bläschen im Mund nicht – auch hier gibt es verschiedene Pflanzen, die Abhilfe schaffen können. Salbei- und Thymiantee wirken antiseptisch und helfen bei der Abheilung. Noch wirksamer ist eine Tinktur aus Himbeerblättern oder das Gurgeln mit Himbeerblättertee bei Entzündungen des Rachenraums.

SCHNUPFEN

Bei verstopfter Nase durch Schnupfen hilft es, mit Kamillentee zu inhalieren. Zum Abheilen der wunden Haut an der Nase verwendet man am besten Ringelblumensalbe (Rezept siehe Seite 166).

SCHUPPENFLECHTE

Reiben Sie die betroffenen Hautpartien mit Johanniskrautöl ein (Rezept siehe Seite 155).

SODBRENNEN

Um der Übersäuerung vorzubeugen, vor dem Essen ein Glas Möhrensaft trinken. Auch Pfefferminztee sorgt für Linderung. Zur Vorbeugung regelmäßig Kamillentee trinken.

SONNENBRAND

Bei leichterem Sonnenbrand helfen Auflagen mit gehackten Möhren oder zerriebenem Spinat, oder Sie legen frische Tomaten-, Gurken- oder Kartoffelscheiben auf die betroffene Stelle, das kühlt und beruhigt. Ein weiteres Mittel, das die Haut obendrein pflegt, ist eine Mischung aus frischen Erdbeeren und Quark, die auf die geröteten Partien aufgetragen wird. Hautpflegend und schmerzlindernd wirkt auch Johanniskrautöl (Rezept siehe Seite 155).

VERDAUUNGSBESCHWERDEN

Wenn es mit der Verdauung nicht so recht klappt, hilft Quittensaft oder ein Tee aus Quittensamen. Auch die gedünsteten Blätter von Mangold oder der Verzehr von frischem Bärlauch helfen bei Verdauungsstörungen. Verdauungsfördernd wirken Basilikum, Dill und die jungen Blätter und Triebe des Berg-Bohnenkrauts. Stachelbeeren haben eine entschlackende und ebenfalls verdauungsfördernde Wirkung.

VERBRENNUNG

Kühlend und heilend wirkt Quittenschleim (Rezept siehe Seite 29). Auch Johanniskraut ist bekannt für seine heilende Wirkung bei leichten Verbrennungen. Die betroffenen Stellen regelmäßig mit Johanniskrautöl (Rezept siehe Seite 155) einreiben. Ebenfalls wirksam ist Lavendeltinktur (Rezept siehe Seite 158).

VERGESSLICHKEIT

Rosmarintee, regelmäßig genossen, soll gegen Vergesslichkeit helfen. Dafür einen Teelöffel des getrockneten Krauts je Tasse aufgießen und einige Minuten ziehen lassen, dann abseihen. Alternativ kann man Rosmarinwein zu sich nehmen. Dafür frische Rosmarinäste in eine Weinflasche geben und eine Woche ziehen lassen. Auch der regelmäßige Genuss von Nüssen fördert die Gedächtnisleistung.

VERSTAUCHUNG
Ein altes und sehr wirkungsvolles Mittel gegen Verstauchungen ist die Arnika, die eine schmerzlindernde und abschwellende Wirkung hat. Dafür macht man einen Wickel mit Arnikatinktur (Rezept siehe Seite 150). Ebenfalls sehr wirkungsvoll sind Wickel mit Zwiebelbrei. Dafür püriert man frische Zwiebeln und verstreicht die Masse auf dem Gelenk.

VERSTOPFUNG
Sehr wirksam ist der Verzehr von Trockenpflaumen (Rezept siehe Seite 32). Dazu viel trinken! Stoffwechselanregend wirkt ein Tee aus Schlehenblüten. Dafür zwei Teelöffel getrocknete Blüten je Tasse aufbrühen und etwa zehn Minuten ziehen lassen. Vorbeugend bietet es sich außerdem an, vor den Mahlzeiten etwas rohes Sauerkraut zu essen oder ein Glas Sauerkrautsaft zu trinken. Alternativ und etwas weniger intensiv im Geschmack ist ein Glas Rettichwasser – hierfür löst man einen Teelöffel Rettichsaft (Rezept siehe Seite 117) in einem Glas lauwarmem Wasser auf und trinkt es vor dem Essen.

WARZEN
Falls in Ihrem Garten Unkraut wächst, versuchen Sie es mit dem Saft aus dem Stängel des Schöllkrauts. Regelmäßig aufgetragen, lässt es die Warze verschwinden. Auch eine frische Scheibe Knoblauch, die mit einem Pflaster auf der Warze befestigt wird, soll helfen. Mindestens eine Woche lang anwenden und die Haut rund um die Warze zum Schutz mit Salbe eincremen. Weniger geruchsintensiv und auffällig ist Ringelblumenblätteressig. Dafür einige Ringelblumenblätter eine Woche lang in Essig ziehen lassen und die Warzen dann regelmäßig mit dem Essig bestreichen.

ZAHNSCHMERZEN
Zur Linderung hilft es, getrocknete Rosmarinblätter zu kauen, oder Salbeitee zu trinken. Schmerzstillend wirken auch Zwiebeln, die man gewürfelt in ein Stofftaschentuch gibt und dann nochmals zerdrückt. Das Taschentuch auf die Wange legen.

Fachbegriffe

ABSUD
Beim Absud werden die Pflanzenteile ausgekocht, um so viel Wirkstoff wie möglich aus ihnen zu lösen. Ein Absud bietet sich vor allem bei Wurzeln oder holzigen Pflanzenteilen an. Um einen Absud herzustellen, verwendet man ein bis zwei Teelöffel der Pflanzenteile. Diese kocht man mit einem Viertelliter Wasser in einem Topf auf und lässt den Absud etwa zehn Minuten lang köcheln. Anschließend die Pflanzenteile heraussieben. Die entstandene Flüssigkeit am besten warm zu sich nehmen.

AUFGUSS
Bei einem Aufguss wird die Pflanze in eine Schüssel gegeben und mit kochendem Wasser übergossen. Anschließend lässt man sie zehn bis fünfzehn Minuten abgedeckt ziehen, anschließend werden die Pflanzenteile abgesiebt. Üblicherweise werden für einen Aufguss etwa drei Gramm der getrockneten Heilpflanze bzw. drei bis vier Esslöffel der frischen Pflanze mit 150 bis 200 Milliliter Wasser überbrüht.

KALTAUSZUG
Bei empfindlichen Wirkstoffen oder bei zarten Blüten oder weichen Wurzeln, die durch heißes Wasser zerstört würden, empfiehlt sich die Anwendung eines Kaltauszugs, auch Mazeration genannt. Hierbei werden die zerkleinerten Pflanzenteile mit kaltem bis lauwarmem Wasser übergossen. Damit sich die ätherischen Öle oder Wirkstoffe lösen, lässt man diesen Auszug bis zu zwölf Stunden, am besten über Nacht, abgedeckt stehen und seiht anschließend die Pflanzenteile ab.

KRÄUTERTEE
Tees aus Kräutern lindern Verdauungsbeschwerden, besänftigen den Magen und heilen Erkältungen. Sie können aber auch allgemein unser Wohlbefinden steigern. Für zwei Tassen Kräutertee übergießt man etwa 15 Gramm getrocknete oder 25 Gramm frische Kräuter mit 500 Milliliter kochendem Wasser. Danach sollte der Tee fünf Minuten ziehen; nicht länger, sonst wird der Geschmack leicht bitter. Anschließend wird der Tee durch ein Sieb abgegossen und nach Belieben gesüßt. Man kann Kräutertee aus einem einzigen Kraut zubereiten, aber auch eine Mischung aus mehreren Kräutern herstellen. Die Variationen sind unbegrenzt. Im Sommer sind Eistees erfrischend, vor allem wenn sie aus Minze oder Melisse bestehen. Dazu wird der Tee wie beschrieben zubereitet und anschließend gekühlt.

TINKTUR
Ähnlich wie beim Kaltauszug werden bei der Tinktur die Wirkstoffe aus der Pflanze gelöst. Bei der Tinktur verwendet man dafür allerdings nicht Wasser, sondern Alkohol. Die zerkleinerten Pflanzenteile werden in ein Gefäß gegeben und mit Alkohol übergossen. Dann lässt man sie abgedeckt ziehen (je nach Pflanze mindestens über Nacht bis zu einigen Wochen). Die Pflanzenteile werden abgesiebt und die Tinktur in ein verschließbares Gefäß abgefüllt.

WICKEL
Ein Wickel wird äußerlich auf einem schmerzenden Körperteil angewendet. Für einen Wickel befeuchtet man ein Tuch mit Tee oder einer heilenden Tinktur oder bestreicht es mit Pflanzenbrei und legt es anschließend auf oder um den schmerzenden Körperteil. Wickel sind ein altes und sehr effektives Hausmittel bei verschiedenen Schmerzen und Entzündungen, ob als Verband mit Arnikatinktur bei Verstauchungen (Rezept siehe Seite 150) oder in Form eines Kartoffelwickels bei Bauchschmerzen (Rezept siehe Seite 108).

Kräutertee ist ein fester Bestandteil der Naturapotheke. Er lindert Verdauungsbeschwerden, beruhigt und heilt Erkältungen.

Register

H

I

J

K

L

M

N

O

P

Umschlag, Vorderseite: GBA/Martin Staffler; Umschlag, Rückseite: Friedrich Strauß, Spezialarchiv für Pflanzenfotografie; Innenteil: Africa Studio/Shutterstock.com: 92 oben; AigarsR/Shutterstock.com: 111; Alena Brozova/Shutterstock.com: 168 unten; Andi Berger/Shutterstock.com: 63; Andreas Altenburger/Shutterstock.com: 41; Anna Sedneva/Shutterstock.com: 54; Annette Timmermann, Kalübbe: 11, 21 unten, 22 oben, 24, 34/35, 58 unten, 79 oben, 81 oben, 84, 86/87, 90 oben, 104/105, 106, 114/115, 118, 127, 141 oben, 142, 146/147, 149, 159, 164/165; Belaya Medvedica/Shutterstock.com: 80 unten; Belinka/Shutterstock.com: 91; Brzostowska/Shutterstock.com: 44/45; Catalin Petolea/Shutterstock.com: 17; CGissemann/Shutterstock.com: 93 rechts, 143 unten; Dani Vincek/Shutterstock.com: 174; Dionisvera/Shutterstock.com: 30; Elena Elisseeva/Shutterstock.com: 166 oben rechts; Elena Gaak/Shutterstock.com: 42 unten; Elena Schweitzer/Shutterstock.com: 108 unten; Gavrila Bogdan/Shutterstock.com: 65; Gudrun Muenz/Shutterstock.com: 2; Inavan Hateren/Shutterstock.com: 59; Joel Gustafsson/Shutterstock.com: 124/125; KAppleyard/Shutterstock.com: 75; Kati Molin/Shutterstock.com: 38; Kuttelvaserova/Shutterstock.com: 144; Larina Natalia/Shutterstock.com: 6/7, 12; Lepas/Shutterstock.com: 23; majaan/Shutterstock.com: 130 links; Mark Bridger/Shutterstock.com: 47; MarkMirror/Shutterstock.com: 160 oben; matka_Wariatka/Shutterstock.com: 176; Medienfabrik Gütersloh: Seiten 83, 89, 157; Mikael Goransson/Shutterstock.com: 4; Nikolay Stefanov Dimitrov/Shutterstock.com: 14/15; NKLRDVC/Shutterstock.com: 85 unten links; Nobor/Shutterstock.com: 121 rechts; Oksana Merzlyakova/Shutterstock.com: 50/51; OZaiachin/Shutterstock.com: 74; Patty Orly/Shutterstock.com: 179; Peter Ziljstra/Shutterstock.com: 64 links unten; Picsfive/Shutterstock.com: 172; picture-alliance/allOver/Karl Thomas: 57; picture alliance/Arco Images GmbH/Camerabotanica: 33; picture alliance/Arco Images GmbH/D. Usher: 40; picture alliance/Arco Images GmbH/F. Scholz: 55; picture alliance/Arco Images GmbH/H. Reinhard: 61, 70, 120; picture alliance/Arco Images GmbH/O. Diez: 22 unten, 48, 49, 92 unten, 94/95, 97 unten, 100 unten, 110 Mitte, 116; 123 oben, 129, 131, 150 unten, 152 rechts, 153, 155 Mitte, 166 unten links, 170/171, 175; picture-alliance/Bildagentur Huber/fotoconcepts: 173; picture alliance/Bildagentur-online/Sunny Celeste: 130 rechts, 137 Mitte; picture alliance/Bildagentur-online/Meyer-Rebenti: 117 unten rechts; picture alliance/Bildagentur-online/TIPS-Images: 28, 162 oben; picture alliance/botanikfoto/Steffen Hauser: 8, 20, 27, 68, 80 oben, 151, 167; picture alliance/CHROMORANGE/Martina Berg: 43; picture alliance/CHROMORANGE/P. Widmann: 39; picture-alliance/dpa/Stockfood/FoodPhotography Eising: 88; picture alliance/Hippocampus-Bildarchiv/Frank Teigler: 101, 135 oben; picture-alliance/Mary Evans Picture Library: 9; picture-alliance/OKAPIA KG/Eberhard Morell: 107; picture-alliance/OKAPIA KG/Hans Reinhard: 73; picture alliance/WILDLIFE/ D. Harms: 18, 19, 69, 78, 99, 135 unten rechts, 154; picture alliance/WILDLIFE/F. Blackburn: 158 unten; picture alliance/WILDLIFE/G. Lacz: 32, 145 oben links; picture alliance/WILDLIFE/M. Gabriel: 96; picture alliance/WILDLIFE/M. Varesvuo: 36; picture alliance/WILDLIFE/O. Diez: 102, 132/133; picture alliance/WILDLIFE/R. Hoelzl: 163; picture alliance/WILDLIFE/R. Usher: 46; picture-alliance/ZB/Hans Wiedl: 136; picturepartners/Shutterstock.com: Rezept-Foto (18, 21 unten, 25, 29, 32, 37, 38, 39, 41, 42 ganz unten, 49 unten links, 54, 57, 58 Mitte, 64 rechts, 67, 79 Mitte, 80 Mitte, 81 unten, 85 unten rechts, 93 links, 97 oben, 98 oben, 100 oben, 108 oben, 110 unten, 112 unten, 117 oben, unten links, 119, 121 links, 123 unten, 130 Mitte, 134 unten, 135 unten links, 137 oben und unten, 139 oben, 140, 141 unten, 143 oben, 145 oben rechts und unten, 150 oben, 152 Mitte, 155 unten, 156 unten, 158 oben, 160 unten, 161, 162 unten, 166 oben links, unten rechts, 168 oben), 60, 110 oben, 113, 152 links, 155 oben; ravl/Shutterstock.com: 72; Redphotographer/Shutterstock.com: 112 oben links; Robyn Mackenzie/Shutterstock.com: 128, 139 unten; Ronald van der Beek/Shutterstock.com: 82; scphoto60/Shutterstock.com: 85 oben; Shutterstock.com: 122; Silvia Bogdanski/Shutterstock.com: 29; Simone Voigt/Shutterstock.com: 90 unten, 156 oben; siraphat/Shutterstock.com: 53, 76; stdesign/Shutterstock.com: 169; Stephanie Frey/Shutterstock.com: 134 oben; Steve Cukrov/Shutterstock.com: 56; Stocksnapper/Shutterstock.com: 98 unten; svefnlaus/Shutterstock.com: 109; Tamara Kulikova/Shutterstock.com: 42 oben; Valentina R./Shutterstock.com: 26; Valerie Potapova/Shutterstock.com: 58 oben; Vera Dolezalova/Shutterstock.com: 138; Vishnevskiy Vasily/Shutterstock.com: 103; WIANGYA/Shutterstock.com: 62; Wiktory/Shutterstock.com: 79 unten; Wollertz/Shutterstock.com: 112 oben rechts; XuRa/Shutterstock.com: 66; yuris/Shutterstock.com: 21 oben, 31.

Quellen und Empfehlungen der Autorin

Deutsche Gesellschaft für Ernährung (DGE), www.dge.de
Verein zur Erhaltung der Nutzpflanzenvielfalt (VEN), www.nutzpflanzenvielfalt.de
Lesley Bremness: Das große Buch der Kräuter, AT Verlag, 1988
Ernst Daßler/Gisela Heitmann: Obst und Gemüse. Eine Warenkunde, Verlag Paul Parey, 1991
Walter Hartmann: Farbatlas Alte Obstsorten, Ulmer Verlag, 2000
Hugo Hertwig: Hausbuch der Naturheilkunde, Knaur-Verlag, 1954
Marie Luise Kreuter: Der Bio-Garten, BLV-Verlag, 1981

Unser Verlagsprogramm finden Sie unter:
www.christian-verlag.de

Produktmanagement: Sabine Scheurer
Textredaktion: Christine Weidenweber
Korrektur: Dr. Michael Schenkel
Gestaltung und Satz: Kirsten Harbers, München
Umschlaggestaltung: Caroline Daphne Georgiadis, Daphne Design
Herstellung: Bettina Schippel
Repro: Repro Ludwig, Zell am See

Druck und Bindung: Korotan
Printed in Slovenia

Die Deutsche Nationalbibliothek verzeichnet diese Publikation in der Deutschen Nationalbibliografie; detaillierte bibliografische Daten sind im Internet über http://dnb.d-nb.de abrufbar.

1. Auflage 2012

ISBN 978-3-86244-117-4

Alle Angaben in diesem Werk wurden von der Autorin sorgfältig recherchiert und auf den aktuellen Stand gebracht sowie vom Verlag geprüft. Für die Richtigkeit der Angaben kann jedoch keinerlei Haftung übernommen werden. Für Hinweise und Anregungen sind wir jederzeit dankbar. Bitte richten Sie diese an:
Christian Verlag
Postfach 400209
80702 München
E-Mail: lektorat@verlagshaus.de